엘리오 피뇬

파울루 멘지스 다 호샤

Paulo Mendes da Rocha by Helio Piñon
© Universitat Politécnica de Catalunya (UPC) BarcelonaTech and
© Helio Piñon
All right reserved.

Korean copyrights © 2014 by Architwins
Published by arrangement with Universitat Politécnica de Catalunya (UPC)
Barcelona, Spain
Through Bestun Korea Agency, Seoul, Korea.
All rights reserved.

이 책의 한국어 판권은 베스튠 코리아 에이전시를 통하여 저작권자와 계약한
아키트윈스에 있습니다. 저작권법에 의해 한국 내에서 보호를 받는 저작물이므로
어떠한 형태로든 무단 전재와 무단 복제를 금합니다.

***
원고를 읽고 번역에 관한 조언을 해주신 건축이론 연구소 군자헌의 김영철 선생님과,
포르투칼어 독음에 도움을 주신 포르투의 전수현 님께 감사 드립니다.

목차

5   한국의 독자들에게

7   그의 프로젝트는 숨겨진 지형을 드러낸다
       엘리오 피뇬

17   문화와 자연
       파울루 메지스 다 호샤

45   작가 소개

47   작품 소개

183   참고 도서

일러두기

1 본문의 " " ' ' ── 표기는 모두 저자의 표기를 그대로 따랐습니다.
2 원어의 병기는 스페인어를 원칙으로 하되, 고유명사는 브라질식으로 독음하여 표기하였습니다.
3 본문에서 괄호 [ ] 안의 내용은 독자의 이해를 돕기 위해 옮긴이가 넣은 것입니다.

한국의 독자들에게

15년 전 저는 우루과이 국립대학의 건축학 박사 과정을 맡아 지도해달라는 초빙을 받았습니다. 당시 저는 중남미 지역을 방문한 적이 없음에도 그곳의 건축에 대한 어렴풋한 선입견을 가지고 있었는데 그러한 선입견이 오늘날처럼 널리 퍼진 까닭은 아마도 그들 자신에게 있었을 것입니다.

    제가 상상하던 중남미는 모더니티가 막연히 강조되는 그런 곳이었습니다. 하지만 몬테비데오[우루과이의 수도]에 도착하자마자 저는 그런 선입견이 얼마나 그릇된 것이었나를 비로소 눈으로 확인하게 되었습니다. 제 눈앞에 펼쳐진 놀랄 만한 건물들은 그 장소에 정확히 부합하는 정체성을 가지고 있으면서도, 동시에 지극히 근대적인 형태의 유전자 즉, 국제적인 건축의 모습을 갖고 있었습니다.

    이렇게 시작된 중남미와의 인연은 2011년 카탈루냐 공과대학에서 허락받은 안식년의 한 학기를 상파울루에서 보내면서 절정에 이르게 됩니다.

    중남미 대부분의 국가에 있는 건축학교들을 끊임없이 방문한 끝에, 저는 자국민들은 물론 심지어 건축 동료들에게까지 그다지 주목받지 못했던 훌륭한 건축가들을 여럿 발견하게 되었고, 그들에 관한 건축 시리즈를 출간하게 되었습니다. 제가 지금 소개하는 중남미 건축가 시리즈는 그들에게 돌리는 경의의 표현이라고 보아야 할 것입니다. 이 책들은 그들이 주시했던 모습들을 재현하고자 하는 성격을 갖고 있습니다. 이는 이론적 논의라기보다는 그들이 주시했던 바를 한데 모은 것이라고 하는 편이 적당할 것입니다.

    저는 그들이 모더니티를 배운 방식 그대로 즉, 모더니티의 본질을 해명하려는 여러 이론을 읽는 것이 아니라, 자신이 참고한 작품들을 주의 깊게 관찰하던 그들의 방식을 따라 건축을 다루고자 합니다.

    제 작업을 멀리 한국의 건축인들에게 전할 기회를 마련해준 제자 이병기 군과 건축을 관찰하는 이러한 방식에 관심을 기울이는 독자들의 노력에 감사를 전합니다.

2013년 4월 21일 바르셀로나에서
엘리오 피뇬

그의 프로젝트는 숨겨진 지형을 드러낸다
엘리오 피뇬

파울루 멘지스 다 호샤[01]의 건축은 한눈에 우리를 동요시킨다. 시의적절한 출현, 공간 구조의 일관성, 조형성이 주는 만족감은 단지 건축물을 보는 것만으로도 그것이 창조적 행위에서 비롯된 결과물임을 여실히 증명하기 때문이다.

그의 작품이 가진 엄격한 물성la materialidad에는 감정이나 개성의 표현을 격하게 드러내고자 하는 어떤 작가적 행위의 흔적도 남아 있지 않다. 반면 그 작품에는 소박하면서도 강렬한, 다시 말해 그것이 존재하지 않는다면 그곳을 상상하기조차 어려운 어떤 '필연의 광채'un halo de necesidad 같은 것이 어려 있다. 그의 프로젝트에서 관찰되는 일관된 형식은 그 [예술적] 장치artefacto의 정체성이 양식적 교정을 거치면서 빚어진 결과일 뿐, 결코 그 자체를 위한 것이 아니었다. 그리고 바로 이곳이 위대한 건축과 그렇지 못한 건축 즉, 단지 소박한 존재 방식과 멀끔한 겉모습에서만 자신의 가치를 찾으려 하는 그런 건축이 구별되는 지점이다.

무엇보다 파울루 멘지스 다 호샤의 작품은 '건축'arquitectura이다. 그것은 보편적 가치를 지향하는 주체적 행위가 낳은 산물로, 각각의 표현은 종국에 그것을 만든 작가에게조차 자율적인 실체가 되는, 이른바 진정한 창조 행위에서만 볼 수 있는 무엇이다. 하지만 주의 깊은 관찰자는 이런 건축에서 창작자의 개성과 연관되지 않은 듯하면서도, 그것에 성격el carácter을 부여하고 그것이 품고 있는 [예술적] 장치로서의 상태를 확인시켜주는 일련의 본질적 가치들을 인식할 수 있다.

사실 구상concebir이란 어떤 내적 목표가 가진 관계를 바탕으로 형식이 종합된una formalidad sintética 하나의 장치를 형성하는 것을 의미하며, 그것이 각 사물이나 형태 세계를 규정하게 된다. 프로젝트를 통해 설정되는 이런 형식성은 부분과 전체, 전체와 부분의 연관 관계들로 이루어진 체계를 통해 결정되는 것으로, 어떤 조건이나 외부 영향으로부터도 독립적이다. 이는 심지어 그것을 밝혀낸 주체[창작자]의 지적, 혹은 심리적 특성과도 별개라 할 수 있다. 물론 지금 묘사하는 이런 상황은 어떻게든 진정한 장치를 구상하기 위하여 프로젝트를 이끌어가는 이들에게 해당되는 이상일 뿐, 마치 어떤 스포츠를 즐기듯 이런저런 스타일을 수행해보는 것에 스스로를 제한하는 사람들에게까지 해당되는 것은 아니다.

작품이 가진 속성이 작가의 개성이나 재능에 의존하게 되면, 하나의 장치로서 작품 자체가 갖는 형식적 일관성은 떨어지기 마련이다. 그와 달리 진정한 창조자는 자신의 작품에 그것의 독립적 존재를 확정하는 특정한 유기성을 부여하며, 이로써 그는 오히려 솜씨를 부린 자로 인정받는 권위나, 작품의 정당한 후견인에게 주어지는 효력을 넘어서는 무엇을 얻게 된다.

그러나 형식이 일관성을 갖추었다고 해서 작품의 예술성이 보장되는 것은 아니다. 멘지스 다 호샤의 건축에서 높이 평가되는 것은 눈이 기록하고 지성이 이끌어간 가치들이다. 물론 이것이

엘리오 피뇬,
파울루 멘지스 다 호샤

형식적 정밀함 la precisión formal을 갖추는 것에서 동떨어진 것은 아니지만, 그보다 선행되는 속성이라는 점은 분명하다. 어떤 장치나 질서를 이룬 체계가 하나의 예술적 실체를 이루기 위해서는 그들의 형식성을 정의하는 관계들이 그 건축의 구조와 그것이 등장한 시대를 연결하는 의미를 일관되게 담고 있어야 한다. 그리고 이 의미는 그의 형성 활동이 이루어지는 문화적 구조 속에서 작가의 행위가 취하는 방향에 따라 좌우된다. 작품의 의미를 결정하는 데 있어 작가가 서있는 미학적 위치가 투영되는 곳이 바로 이곳이며, 이는 당대의 역사적 현실에 대한 나름의 이해 방식 즉, 그 안에서 이루어질 자신의 활동을 결정짓는 판단기준이다.

부탄탕 주택(1964), 포르마 가구점(1987), 브라질 조각박물관(1988), 산업연맹 문화센터(1996)에서 작가가 남긴 애착 같은 것은 찾아볼 수 없으며, 그의 개성이 즉각적으로 드러난 부분은 희미한 흔적조차 찾을 수 없다. 따라서 이 장치들은 작가의 구속을 벗어났다고도 할 수 있을 것이다. 반면 나는 그가 떠올린 각각의 구상이 구체화된 프로젝트와, 제안을 통해 각 상황에 훌륭하고 특정하다 여길만한 구체적인 문제들이 확인되기까지 해당하는 프로그램에 묵묵히 접근해가는 그 태도를 그의 개성과 연결하지 않을 수 없었다. 이토록 자신만의 개성을 가진 개념을 드러내면서도, 작품의 속성 면에서는 작가의 특색이나 애착으로부터 이토록 자유로운 건축을 떠올리기란 쉽지 않다.

지금 언급한 건축은 오늘날 성공을 독점하고 있는 건축들 사이에서 일반화되어 있는 어떤 상황을 뒤집으려는 듯 보인다. 마치 개성적인 몸짓과 결정을 한데 모아놓은 듯한 건축, 작가의 심리적 특성을 그대로 내비치고자 하는 건축. 그런 건축이 갖는 물성에서는 역사적 의미를 드러내는 미학적 상태의 징후를 찾기 어렵다. 작가는 이런 것들을 수행해가며 마치 자신을 ─ 그것이 진정한 것이든, 혹은 상업적인 것이든 ─ 그런 순간적인 기대에나 부합하는 개성을 표현하는 사람으로 여기는 듯 보인다. 그리고 그들의 작품은 자신이 선 곳에 대한 일말의 관심도 없이 그저 오늘도 풀을 뜯고 있는 한마리 가축 즉, 세월이 흐르면 언젠가는 무기력한 자아와 그 농장주의 잠든 지성도 깨어나리라 여기며 우두커니 서 있는 찰나의 세계에 속한 피조물처럼 여겨질 뿐이다.

장치를 형성하며 맞닥뜨리게 되는 어려운 문제들을 덮어버리고자 건축가들이 이따금씩 찾는 방법이 바로 이런 '개성적인 특성'이지만, 비평가들은 종종 이를 예술적인 특성, 즉 마치 자신이 '천재' genio의 작품을 마주하고 있다는 것에 대한 보증으로 여기곤 한다. 최근 형성된 예술과 천재에 관한 이런 개념은 비단 건축가뿐 아니라 건축주와 광고장이의 머릿속에 하루가 다르게 확산되고 있다.

멘지스 다 호샤의 건축은 작품이 등장하게 된 특정한 조건과 물리적, 문화적인 조건들을 비범한 정밀함으로 수용하며, 당대의 현실에 그 의미를 정초하는 데 각별한 주의를 기울인다. 역사적인 구조에 보다 얽매인 유럽의 계획방식과는 달리, 그는 건축이 자연의 영역에서 수행된다는 것을 준거로서 인식한다. 그가 끊임없이 고민해온 이 문제는 작품에 결정적인 영향을 미친다. 그는 말한다. "아메리카 대륙에 있는 도시를 판단하는 기준으로 물과 평야, 그리고 산을 염두에 두어야 한다. 이 대륙이 가진 특별함은 그 지평선이 건축가들의 행위를 위해 이미 규정해둔 것들에 있다."

지금까지 자연은 단지 "그것을 거주할 수 있는 곳으로 만들기 위해 그곳을 확인하기identificar" 이르렀을 때에만 건축적 의미를 갖는 것이었다면, 그의 건축은 기본적으로 프로젝트란 자연이 가진 아름다움에 개입하는 행위라는 확신에 기초하고 있다. 그렇게 만들어진 공간이 갖게 되는 독특성과 그 구상 행위가 가진 예술성의 조건은 결국 고립된 것으로서의 '특이성'과 프로젝트가 제기해낸 문제들의 해결을 위해 건축가가 사용한 지식의 '보편성'이라는 두 가지 성격을 동시에 갖도록 한다.

각 사례에서 어떤 자연의 장소를 건축적 공간으로 탈바꿈하게 하는 것은 바로 '본질적인 것을 이끌어내는' 능력이다. "건축의 지평선, 평온의 지평선."

그가 프로젝트의 의미를 이끌어내기 위해 자연 형태 가운데 지형에 집착하는 것은 그의 작품 뿐 아니라, 그의 예리한 관찰에서도 발견되는데, 이는 그가 "그 궁전의 아름다움 외에도"라고 말하며 베네치아의 지형을 참조한 점에서도 엿보인다.

파울루 멘지스 다 호샤는 프로젝트를 구성하는 구조로서 자연 환경을 끊임없이 참조하면서, 위대한 모더니즘 건축가들의 전통을 회복한다. 모든 프로젝트는 결국 자연의 구조를 조정하는 것이라는 인식은 모더니티가 품은 고유한 개념이다. 오브제로서의 가치를 거부하는 것은 모더니즘 건축의 근본 원칙이며, 이는 형태가 가진 관계적 의미를 인정하는 것과, 물리적 구조가 자신의 고유한 체계에 참여하기 위해 더 이상 하나의 무대로 남기를 거부한 어떤 세계를 건축하려는 노력을 함축하고 있다. 모더니즘 건축가들은 그들의 장치를 건축하면서 주변에 놓인 부차적인 특성이 아니라, 그 영역의 근본이 되는 요소들과 관계를 맺었으며, 그들의 작품은 물리적 현실을 넘어 점차 보다 넓은 영역을 내포해가는 시각적 관계로 구성된 체계를 통해 세계와 관계한다.

그 개념이 어떤 구조를 초월했다 하더라도, 그로 인해 작품이 형식적 일관성을 갖게 하는 판단기준이 간과되는 것은 아니다. 멘지스 다 호샤 건축의 질서를 보장한 것은 보다 다양한 상황을 표현하는 본성을 가졌다고 평가받는 신조형주의였다. 동일성igualdad과 위계la jerarquia가 아니라 등가equivalencia와 상응la correspondencia 관계에 기초한 이 질서는 마치 장치 본연의 고유한 체계인 양 그 바탕에 깔려, 그것을 규정하고 처분해가며 그 작품을 다스려 간다. 신조형주의는 고전주의의 구성la composición을 대체하는 근본적인

파울루 멘지스 다 호샤

대안이 되었던 모더니티의 형식체계로서 강렬한 의미를 함축하고 있다.

　　이제 그의 건축이 진정한 모더니티 즉, 오브제들이 가진 고유한 형식들의 옳고 그름과, 그것들이 환경과 맺는 관계에 관심을 두었다는 것은 분명하다. 그의 작품들이 가진 역사성은 —특정 재료를 선호한 탓에 그에게 덧씌워진 양식적 연합에 대한 오명을 넘어— 그의 건축이 20세기 최고의 건축이 기초했던 질서 기준을 수용했다는 사실을 분명히 인식시킨다.

　　브라질 조각박물관MuBE(1988)은 사실 인공적인 지형으로 이루어진 건축물이다. 그는 처음에 정원과 야외극장을 갖춘 생태 조각박물관을 생각했다. 녹지로 지정된 이 구역에 시선을 가로막는 닫힌 공간을 만들고 싶지 않았기 때문이다. 이러한 이유로 그는 부속시설 전체를 지하에 넣고, 지표면 위로는 박물관이라는 공공의 용도를 구조화한 흔적만을 남겨 두었다. 실제로 [평편한 광장을 이룬] 지하 부속시설의 지붕은 야외 전시구역으로 가기 위해 방문객이 쉬어가는 곳이 되었다. 조각은 그곳에서 상파울루의 경관과 하나가 되었고, 그곳은 동시에 설계지침에서 요구했던 야외극장의 무대가 되었다. 우리는 이따금 멘지스 다 호샤의 건축에서 거주할 만한 표면이 그곳의 대지를 인공적으로 재단하면서 즉, 그 지형의 변형을 통한 산물로서 빚어지는 것을 볼 수 있다.

　　거대한 지붕은 그것이 품고 있는 공간이 갖는 공공성을 드러내며, 지붕의 그림자는 이 개입 행위의 규모를 드러낸다. 또한 그것은 마치 존재하지 않는 듯 자신의 정체를 감추고 있는 이 박물관의 본질적인 모호함을 훌륭하게 종합하고 있다. 콘크리트로 빚어낸 거대하고 영구적인 구름처럼 보이는 그 지붕은 야외에서 무대행사를 진행할 수 있는 지붕 덮인 영역을 만들어낼 뿐 아니라, 불레 마르스Burle Marx가 디자인한 정원에 놓인 조각물들을 하늘의 별들 외에는 어떤 건축적 보호도 받지 않은 상태에서 예술적으로 경험하고자 이곳을 찾는 방문객들에게 거대한 아트리움을 제공한다.

　　포르마 가구점La Tienda Forma(1987)은 쇼윈도를 공중에 띄우기 위해 건물 자체를 들어 올려 주차장을 만든다는 그 프로젝트의 화려함 이전에, 그것을 땅에 대한 찬사로 보는 것이 마땅할 것이다. 대지의 한 부분을 덮는 것만으로 어떤 장소를 한정한 점, 이곳에서 거주할 만한 공간은 거주성la habitabilidad이 일상적으로 기초한 속성들을 제해가면서 이루어진 점, 그리고 주차 공간이라는 그 영역의 의미를 통해 그곳에 긴장을 준 점은 이를 뒷받침한다. 이 '거주하기 위한 기계la máquina para habitar'는 그 건물에서 가장 기념비적인, 그 길에서 가장 수수께끼 같은 이 공간을 시민들에게 투사한다.

　　대지의 일부가 거주할 만한 곳으로 탈바꿈하게 된 것은 건축물이 아니라, 하나의 면un plano으로 그곳을 덮으면서였다. 그 면에서는 하중의 지지와 관련된 어떠한 표현도 찾을 수 없다. 방문객들을 위에서 덮고 있는 것은 단지 매끄러운 콘크리트가 빚어낸 팽팽한 표면, 그것으로 이루어진 재료의 기하학la geometría material일 뿐이다. 질감 외에는 모든 물성이 소거된 무중력 상태의 표면은 매장을 이룰 어떤 공간을 자신의 명확함과 정밀함을 통해 구조화하면서 감싼다. 박스형 건축체계로 한정된 영역이 가진 조형성은 외부에 대한 사진적 네거티브el negativo fotográfico를 구성하다.

부탄탕 주택La Casa Butantã(1964) 역시 이와 유사한 방식이라 할 수 있다. 무엇보다 이곳 역시 어떤 장소를 덮어가며 대지의 일부를 한정하는 방식을 통해 지구라는 무한한 것과 이 주택을 연결하고 있다. 그리고 그것이 이 프로젝트의 전부였다. 포르마 가구점 뿐 아니라 이 주택에서도 프로젝트가 참조한 것은 이웃한 건축물이나 그곳의 역사가 아니었다. 그것은 대지의 한 조각 즉, 프로젝트 행위를 통해 그 위에 자취를 남길 지형의 일부였다.

이 주택의 구성은 그가 질서를 숭고하게 드러내는 형태의 가치를 대단히 신뢰하고 있음을 보여준다. 좌우로 열린 건축물의 양편에는 각기 작업 공간과 거실이 위치하고 있고, 천창으로 빛을 받아들이는 침실이 그 두 공간 사이를 가로지르고 있다. 관습적인 것을 거부하면서 그의 제안은 일관성을 갖춘 조직이라는 규범적 특성을 취하게 되었다.

공간을 이해하는 데 있어 [관습적인 것과 규범적인 것] 두 가지는 모두 역설에 이른다. 건축가의 주관적인 결정에 따라 설정하고 아무리 피하려 해도, 종국에 건축은 어쩔 수 없이 보편과 추상, 모든 이와 모든 곳에 공통적인 영역을 향하게 되기 때문이다. 마치 진정한 예술 작품을 다루듯 대상을 최대한으로 관리한다면 그것이 장치로서 갖춘 일관성은 높아지게 되며, 결국 그 대상은 사용자나 관객 뿐 아니라 그것을 만든 창조자와도 구별된 무엇이 된다. 이제 이것과 저것은 오로지 주체를 통해서민 서로 가까워진다. 지휘자 첼리비다케Celebidache, 02는 이런 말을 즐겨했다. "모든 것은 다르다. 저 대양을 채운 물방울 하나하나가 그러하듯이."

비단 멘지스 다 호샤의 건축 뿐 아니라, 여느 진정한 건축에서 작품의 정체성은 각 사안의 근본적인 부분이 무엇인지를 찾는 데 집중된다. 프로그램은 해결 방안의 조건을 형성할 뿐, 문제의 본성을 제시하진 못한다. 오로지 프로젝트만이 그것을 해결하고 그 상황의 본질을 드러내며, 오로지 그 사안만이 가진 특유성에 대한 건축가 나름의 방식을 정의한다.

산업연맹 문화센터Centro Cultural FIESP(1996)는 기존 건물의 저층을 개보수한 작업이다. 이 경우 지형은 인공적인 것이지만, 그는 동일한 태도를 유지했다. 이 프로젝트는 기존의 것을 조정하는 행위를 통해 이전에는 갖지 못했던 어떤 의미를 부여하고자 시도했다.

도서관과 상당히 중요한 화랑, 서비스 시설을 갖춘 이 문화센

루이스 에스파야르가스,
파울루 멘지스 다 호샤.
사진: 엘리오 피뇨

터는 산업연맹타워 1층에 실체를 알 수 없는 공간을 차지하고 있었다. 이 타워는 히노 레비$^{Rino\ Levi}$ 사망 후에 진행된 레비 건축사무소의 프로젝트였다. 이 건물을 이루고 있는 [육중함]을 과시하는 듯한 구조물들 속에서 정밀한 양질의 환경을 조성하기 위해서는 혹독한 수술이 불가피했다. 이 프로젝트는 기존 공간을 장식하는 것에서 그치지 않고, 어떤 공간을 목표로 건물의 구조체에까지 손을 댄 건축적 개입 작업, 곧 강렬한 의미를 가진 건축이었다.

이 프로젝트는 의미 없이 공간을 합리적으로 점유하는 것을 넘어서, 그곳에 얽혀 있는 복합적 상태를 하나로 종합하는 진실하고 자율적인 건축을 제안했다. 파울리스타 대로변에 늘어선 열주 뒤로 이곳의 본성을 드러내는 명확하게 구조화된 세계가 등장한다. 그곳에는 용도의 모호함이나, 새로운 부분의 정체성에 관한 의심 같은 것은 전혀 없다. 이 사례는 본 프로젝트가 손대지 않고 방치했던 공간을 활용하여 특질을 드러낸다는 점에서 역설적이다. 이전에 이곳은 타워와 그 뒤편에 있는 극장을 연결하는 무난한 접근 공간에 불과했다. 결론적으로 이곳은 단순히 지붕이 덥혔을 뿐, [도시와 직접 연결되는 층이라는] 위치상의 중요성을 적절히 드러내는 어떤 공간적 속성이나 용도도 찾아볼 수 없었다.

이 복합시설을 구성하는 용도들을 분류하여, 제기된 여러 문제들을 해결하는 것이 바로 이 거대한 아트리움이다. 전시실과 부속시설은 기존 건물의 보에 매다는 방식으로 길보다 반 층 높여 배치되었고, 타워의 출입구, 도서관과 커피숍, 지하 주차장의 통로는 도로에서 반 층 낮은 아래층에 두었다. 아래층의 뒤편에는 로비를 만들었다. 지붕은 덮였지만 외부로 열려 있는 로비는 이곳의 진정한 공간적 핵으로, 히노 레비의 계획을 따라 뒷길을 향하고 있던 극장과 문화센터를 연결한다. 3층 높이의 층고를 가진 두 공간은 하부 공간 전체를 통합하면서, 배치상의 한계로 층고가 낮은 두 층에 전개될 수밖에 없던 문화센터가 공공적인 규모와 성격을 가질 수 있도록 돕는다.

건축체계를 규정하는 것은 프로젝트를 구성하는 주된 가치 중 하나이다. 전성기 미스^{Mies}처럼 하얗게 칠해진 이 철골 부재들은 추상적이고 필연적인 상태를 획득하며, 그런 자신의 정체성을 유리와 같은 외관을 갖춘 이 장치에 전염시킨다. 천장에 매달린 장치가 자아내는 특별한 분위기는 짓누르는 콘크리트 하늘에 맞서 마치 중력을 초월한 듯한 효과를 나타낸다.

이러한 제안의 호소력은 감수성과 정확성에 바탕을 둔 이곳의 건축체계와 긴밀하게 연결되어, [기존의 건축체계가 가진] 과시하려는 몸짓에서 벗어나게 한다. 이 모두 것이 너무나도 자연스러워 다른 방식은 상상조차 할 수 없다. 심지어 이곳에서는 기존의 것에 대한 강력한 개입이라 할 만한 가장 충격적인 에피소드조차도 피할 수 없는 무엇처럼 여겨진다. 건축은 건축물의 아래쪽에서 부주의하게 방치된 채 [다른 부분들과 유기적으로] 결합되지 못하고 남겨져 있던 부분을 다시 한 번 양질의 공간으로 변화시킨다.

멘지스 다 호샤의 건축은 겉보기처럼 환상적인 설정을 사용하진 않는다. 그는 말한다. "[건축이라는] 이 영역은 한두 번 반복되는 창의성의 표현을 통해서 풍부해지는 것이 아니라, 재료가 가진 속성을 통해 풍부해진다." 그의 프로젝트들은 언제나 명확하고 엄격한 계획 방식을 통해, 자신에게 허락된 기술적 자원을 한계치까지 끌고 간다. 그럼에도 불구하고 그는 건설 기술을 사용하는 데 애착을 드러내거나 지나치게 의존하는 법이 절대로 없다. 아버지가 관리하는 하천 시설물 현장을 방문했을 때, 아버지는 다음과 같은 가르침을 주었다고 한다. "엔지니어는 ─ 그의 입장에서 건축가는 ─ 이런 저런 해결책이 가능한지를 묻지 않는다. 어떻게 그것을 가능케 할지 탐구할 뿐이다."

아버지의 모습은 그의 인격뿐 아니라 그의 건축 계획 방식에도 결정적인 영향을 준 듯 보인다. 그는 이따금씩 "엔지니어처럼 생각하는 건축가"를 언급했다. 구상을 건축하는 것construir el concepto이 아닌, 건축을 구상하는 일concebir la construcción. 이것이 그의 프로젝트들이 추구하는 최종 목적인 듯하다. 전자는 최근 몇 십년간 병적으로 유행한 증상이다. 자신의 지적 만족을 위해 선언되곤 하는 슬로건들, 자기를 표출하고자 하는 우리의 그릇된 건축 교육은 대부분 여기에서 비롯된다. 또한 이러한 경향은 건축 전문지들 뿐 아니라, 자신의 모습에 자긍심을 갖지 못한 특정 도시들에서도 성행하곤 했다.

그가 프로그램에 접근하는 방식은 그의 태도 즉, 본질적인 것을 파악하면 그것이 제기할 문제에 관해서는 어떻게든 기술적인 해결책을 찾을 수 있다고 확신하는 태도로 연결된다. 결국 프로젝트는 작가가 가진 건축적 역량을 벗어날 수 없다. "그것을 어떻게 수행할지도 모르면서, 그것의 실현을 떠올리는 것은 불가능하기" 때문이다. 프로그램은 단지 기능적, 경제적 요구들을 간략히 열거한 것일 뿐, 우리가 해결해야 하는 문제들을 규정하고, 프로그램이 일상적으로 감추어온 형태적 충돌의 본성을 확인하는 길은 오로지 프로젝트를 수행하는 방법뿐이다.

멘지스 다 호샤는 프로젝트를 수행하면서 인간은 엄격한 기능적 필요를 넘어선다는 점을 인식하고 있다. 그는 말한다. "결국 건물을 구조화하는 데 있어 건축가는 자신의 시각을 투사한다proyectar la visión." 그리고 그 결과는 단순히 빛나는 것을 뛰어넘는 탁월한 명쾌함에 이른다. 그는 다시 말한다. "그러므로 건축은 기능적인 것을 다루는 것이 아니라, 시의적절oportuna하게 되는 것을 다룬다."

비평가들이 그의 작품을 마주하며 거북함을 느끼는 것은 한편으로 당연하다. 파울루 멘지스 다 호샤의 건물은 존재만으로 비평가들의 연대기가 뿌리내리고 있는 '카테고리'를 전복시키기 때문이다. 그의 건축은 흔히 상파울루식 브루탈리즘과 미니멀리즘으로 재단되곤 하지만, 두 교리의 본래 의미를 따져보면 그것들이 서로 모순된다는 결론에 이르게 된다. 이는 두 교리 모두가 그의 건축에 부합하지 않는다는 것을 반증한다. 사실 —건축 재료와 기술을 직접적으로 표현하며— 건축의 기능성la funcionalidad을 즉각적으로 표현하려 했던 브루탈리즘과 —60년대 미국 화가들이 범람하는 비형식주의와 표현주의에 대한 반응으로, 기초적인 형식성을 주장하며— 사물이 가진 속성을 단 하나 혹은 극히 적은 형식의 카테고리로 축소하려 했던 미니멀리즘 사이에서 공통분모를 찾아내기란 어렵다. 다른 한편으로 우리는 그것들이 멘지스 다 호샤가 가진 수수께끼 같은 면을 기념하는 것일 뿐, 엄격한 의미에서 그의 건축이 둘 중 어느 것과도 관련되지 않음을 잘 알고 있다.

그의 건축을 브루탈리즘이나 미니멀리즘과 동일시하려는 이들에게 멘지스 다 호샤가 남긴 통렬한 고백을 열거해가며 일일이 반박하는 것은 그다지 중요한 일이 아니다. 브루탈리즘은 이미 30년 전에 역사가 되어버렸고, 미니멀리즘은 포스트모던의 유행으로 빼앗긴 20년의 세월을 보상받고자 하는 상업적 접점에서 급히 등장한 것에 불과하다. 비평가들은 그들의 관심 대상을 —비단 대중뿐 아니라 자신의 눈앞에서도— 모호하게 만드는 완고한 노력으로, 명확함과 즉각성이 균형을 이룬 그의 작품의 특성을 그와 걸맞지 않는 미학에 억지로 끼워맞추는 데에만 스스로의 비평 활동을 제약하고 있다.

그들은 '자연스레 마감된 콘크리트를 선호한 것'을 브라질의 건축적 전통과 같이 생각하거나, '경제성과 종합이라는 기본 원칙에 근거하여 건축 요소와 절차들을 간소화한 것'을 —경제성의 원칙이라는— 근대적 사고에 기초한 판단기준과 연관시키기보다는, 간단히 브루탈리즘과 미니멀리즘으로 재단해버리곤 했다.

이렇듯 비평이라는 행위를 단순한 양식적 분류와 동일시하고, 양식이라는 개념을 그렇게도 명백한 물리적 특성들을 카테고리화하는 정도로 축소시키는 것은, 건축을 체험하는 독자적 영역인 시각성la visualidad의 가치를 떨어뜨리는 데에만 기여할 뿐이며, 이런 부당한 대우를 통해 비단 건축가뿐 아니라, 좋은 의지를 가진 시민들의 미학적 판단력마저 녹슬어 가고 있다.

자신의 건축을 대변하려 많은 것을 덧붙여야 한다는 점이 바로 오늘날 비평가들의 지적 빈곤을 드러내는 증거다. 그는 —양식적 절충주의와 TV 시리즈의 유토피아인— 오늘날 유행하는 가치들에 굴복하는 것에 대한 저항으로, 비평적 내용에 그들이 그리도 풀어놓기 좋아하는 동족수정endogámico과 자기소화autofágico를 일삼는 혼돈상태를 뒤섞는 것을 미덕으로 여긴다. 건축 잡지와 심포지움에 아직도 어렵사리 남아있는 이런 의례적인 활동으로는 그에게 맡겨진 지적, 사회적 임무를 달성할 수 없다. 자의적 표어들을 기념하고 재생산하는 데 바탕을 둔 일관되지 못한 헛된 논의들로 자신의 감수성을 마취시키지 말고, 진정한 판단력을 얻으려면 대중을 향하라.

파울루 멘지스 다 호샤와 같은 건축은 상업적 슬로건을 쫓는 의례로 대체되어 가고 있는, 건축적 경험이 멸종되어가는 과정에 대한 저항 행위를 대표한다. 단순한 존재는 어떤 종류의 단순화simplificación와도 격이 다르다. 그리고 그의 건축은 이를 증명하는 좋은 본보기이다.

엘리오 피뇬
2001년 11월 25일 상파울루

---

01 파울루 멘지스 다 호샤(Paulo Mendes da Rocha). 이 글에 나오는 이름과 지명은 모두 브라질식으로 표기되었다.
02 세르주 첼리비다케(Sergiu Celibidache, 1912-1996)는 베를린 필하모닉 오케스트라의 지휘자이다.

감사의 글

누구보다도 먼저 파울루 멘지스 다 호샤에게 감사한다. 자신의 건축을 다루려한다는 소식을 접한 순간부터 그는 내게 필요한 모든 자료와 편의를 제공하였고, 대서양을 건너가며 수차례 만남을 가지기까지 이 작업에 무조건적인 도움을 주었다. 나의 벗 루이스 에스파야르가스가 멘지스 다 호샤와 수차례에 걸쳐 인터뷰한 내용은 이 책의 좋은 밑거름이 되었으며, 그의 열정과 인내는 이 책에 큰 도움이 되었다. 그리고 레나타 바르보사의 도움에 감사한다. 바르셀로나 공과대학 박사과정의 제자인 그녀는 내가 처음 상파울루에 방문했을 때, 완벽한 인솔자가 되어주었고 섬세한 고민으로 이 작업에 임했다. 마지막으로 사진작가 넬슨 콘에게 감사드린다. 그의 사진은 파울루의 건물을 묘사하는 데 요긴하게 사용되었다. 이들의 도움이 없었다면 이 책은 만들어질 수 없었을 것이다. 모든 이들에게 깊은 감사를 전한다.

문화와 자연
파울루 멘지스 다 호샤

우리가 가진 기술은 그 자체로 칭송을 받아 마땅하다. 오늘날 창조적인 것과 기술적인 것을 분리하려는 미련함을 목도하게 된 것은 정말이지 믿을 수 없는 일이다! 우리가 느끼는 경이로움은 대부분은 비행을 하거나 빠른 속도로 이동할 때 발생한다. 반대로 범선에서는 대상이 갖는 중요성이 반전되어 '카스티요 데 포파' castillo de popa라고 불리는 범선의 후미가 우리의 찬사를 받을 만한 무엇이 된다. 하지만 범선의 중요성은 항해하는 것에 있으며, 아름다움은 다만 그것에서 비롯된다.

[…]

[기술에 대한 우리의 관심] 시간이 지나면 그것이 서서히 병적 증상으로 변할 수 있을지 반성해본다. 우리는 거기에 완전히 빠져버릴 수 있다! 어쨌건 우리는 기술에 관해 많은 이야기를 하고 있다. 하지만 그런 질문을 건네면, 씁쓸하게도 "아! 그렇다면 당신은 기술이 아름답다고 주장하시는 군요?" 내지는 이와 별반 다르지 않은 대답이 되돌아온다는 것을 잘 알고 있다. 우리는 아름다움이 기술이냐는 암호화된 질문을 던지려 하지 않기 때문이다. 물론 이것은 내가 아름다움이 기술이라고 생각하기 때문은 아니다. 단지 내가 생각한 것이 무엇인지를 드러내는 것이 기술이기 때문이다. 그것 말고 내가 생각하는 바를 드러낼 다른 방식이 내게는 없다. 형이하학과 형이상학 간의 변증법적 관계는 이런 방식을 통해 지속되는 것이다. 사고 el pensamiento는 해명할 수 없는 추상과 영원에 속한 것이지만, 그와 달리 내가 하는 상상 mi imaginación은 기술이라고 말할 수 있다. 언어가 반드시 요구된다는 것은 결국 기술을 사용할 수밖에 없는 판단을 강요하기 때문이다. 한 작곡가를 떠올려보자. 그는 자신의 머릿속에서 어떤 교향곡을 창조한다. 그리고 바순과 첼로의 멜로디를 떠올리게 하는 [머릿속의] 교향곡을 가지고 그것을 써내려간다.

[…]

기술을 통해 판단하는 교육을 받았다면 이를 통해 드러나는 것은 기술이 아니라 그의 사고, 더 나아가 그 까닭일 것이다. 예술과 기술 간의 변증법적 관계는 바로 여기에 있다. 그것은 인간이라는 존재, 인간 실존의 표현 안에 혼재되어 있는 독특한 개념이다. 그것이 단 하나의 개념으로 다루어진다는 것을 잊어서는 안 된다.

[…]

사실 우리는 일부분을 가지고 작업할 수 있을 만큼 복잡한 존재이며, 그 모든 부분들을 단 하나에 모을 수 있는 존재도 오로지 우리뿐이다. [알파벳은] 25개의 글자에 불과한 극히 빈약한 코드였다. 하지만 셰익스피어에게 이 스물다섯 글자로 부족하냐고 묻는다면 그는 이렇게 대답할 것이다. "천만에! 나는 아직도 내가 원하는 바를 모두 말하지 못했으며, 내 남은 인생 동안에도 끊임없이 계속 쓸 수 있을 것이다."

[…]

자라과 집합주거, 상파울루.
사진: 넬슨 콘

내가 상세한 것보다는 근본적인 질문들에 관심이 있다는 것을 알게 되었다.

[…]

문화의 개념에는 상당한 모순이 있다. 그것은 문화 역시 어떤 것을 깔아뭉개기 위해, 자신의 문화를 강요하고 설득하기 위해 존재하기 때문이다.

[…]

우리는 경험하면서 살게 된다고 생각한다.

[…]

자연에 관한 주제는 본질적인 것이다. 우리는 자연의 일부이다. 오랜 기간 동안 부정되던 것들 역시 나중에는 자연에 근거했다는 확인에 이르곤 했다.

[…]

세상을 지금과는 다르게 믿어왔던 시대가 있었다. 당시 세상은 [절대자의] 어떤 의지와 무관하게 우주 속에 떠도는 하나의 행성이 아니었다. [그들이 믿고 있던] 세상은 유한finito했다. 아메리카 대륙의 발견은 과학이 확언하던 것들을 확인시켜 주었다. 이는 페루나 캐나다, 멕시코 일부의 기초를 닦은 것보다도 훨씬 더 큰 의미를 가진다. 자연의 근본적인 문제들로 보면 아메리카는 우발적인 형태로 나뉘어졌고, 그런 의미에서 보면 [그 경계들은] 끊임없는 검토와 개정이 필요할 것이다. 따라서 건축은 브라질의 시각보다는 아메리카 대륙의 시각에서 볼 때 훨씬 더 흥미롭다.

[…]

아메리카 대륙은 단순히 경관 재구성을 넘어, 새로운 경관 창조를 바라고 있다. 그리고 우리는 이를 위한 바람직한 실마리를 '무한한 것'에 관한 지속적인 논의에서 찾을 수 있다. 이 세상은 저 수평선 너머에서 끝나지 않는다. 심지어 예로부터 전해지는 관습적인 공간성으로라도 이 세상을 한 번 그려보았더라면, 그것이 연속된다는 사실을 파악하는 것은 그다지 어렵지 않았을 것이다. 내가 구체화concreción를 그리도 강조하는 이유는 바로 거기에 있다.

[…]

자연의 관찰에 따르면 돌은 쪼개진다. 하지만 극복해야 할 역경이었던 중력이 대성당을 건축하는 데 이용된다. 어떤 집을 무너트리는 힘이 반대로 아치를 세우는, 다시 말해 대성당의 아치를 세우는 바로 그 힘이다.

[…]

그 형상을 이끌어내기 위한 엄격하고 필연적인 차원은 이런 방식을 통해 얻어진다. 카이로의 피라미드는 압력을 버티지 못하는 모래 지반과, 그것을 건축하기 위한 기계라고 할 수 있는 경사면을 통해 도출되었다. [피라미드를 건축하기 위해서는 단지 경사면으로] 돌을 밀어올리기만 하면 된다! 이 이론은 가능성과 개연성을 갖추었고, 피라미드가 근원을 알 수 없는 미지의 광선을 불러오는 효험을 가진 형태로 만들어졌다고 하는 형이상학적 이론보다 낫다. 아직도 피라미드가 불러온다는 상서로운 힘과 기운, 그 밖의 근거 없는 효험들을 바라고 탁자 위에 그것을 올려놓는 사람들이 있다. 하지만 그건 완전히 바보 같은 짓이다! 나는 피라미드가 진정으로 표상하는 것은 인간이 ─그렇게나 오래 전부터 이미─ 자신이 실현하는 것들에 대하여 스스로 반성하고 생각하며 고민하는 존재임을 인식함으로서, 그 옛날 그들과 우리가 인간으로서의 동질감을 갖게 되는 것이길 바란다. 나는 나와 내 곁의 동료들이 무기력하게 피라미드가 우리에게 부와 사업운, 건강을 선사할 만한 효력이 있다고 믿기보다 기원전 3000년, 혹 5000년 전 우리 종족이 이미 소유하고 있었던 이런 이성을 가졌다고 생각하는 편이 훨씬 나을 것이라 믿는다. 사실 우리 모두는 이런 우스꽝스러운 일을 저지르고 있다.

[…]

경량 구조물을 가장 위협하는 것은 바람이다. 하지만 수상 구조물을 만들 때, 이 바람은 범선을 항해하게 하는 동력이 된다. 우리는 건축물을 움직이는 힘, 건축의 역학적인 부분에 더 관심을 기울여야 한다.

[…]

우리 모두는 건축가로 태어났다고 믿는다. 나는 인간이라는 존재가 이성과 언어의 형성, 그리고 무엇보다 자신의 거주지를 건축하면서 그곳에 어떤 특정한 공간성을 적용하는 행위를 통해 보장된다는 인상을 갖고 있다. 따라서 건축가란 ─아주 긍정적인 의미에서─ 전해내려 오는 건축적 가르침들을 오늘날에 맞게 변형할 수 있을 만큼 건축적 기초에 관해 해박한 사람이다. 앞서 말했듯 어쩌면 건축가야말로 최후의 인본주의자humanista라 할 수 있을 것이다.

[…]

비참함la miseria 앞에 두려움을 느끼는 여느 사람과 달리, 나는 왠지 모르게 무언가 부족하고 단순한 것들에 매료되곤 했다. 물론 이는 절대적 비참함이 아닌, 본질적인 것이 갖게 되는 부족함을 가리킨다. 무엇이든 지나친 것은 우리를 불편하게 한다. 특히 우리가 살고 있는 이 시대에는 꼭 필요하지 않은 모든 것들은 괴이하게 보이기까지 한다.

[…]

이는 진실로 다른 형식을 가진 대화나 다름없다. 우리는 언제나 분류하려 한다. 브루탈리즘, 미니멀리즘, 기능주의, 구성주의…… 하지만 내가 분명히 아는 ─누구나 알지만 인정하지 않으려는─ 것은 이런 것 모두를 총체적으로 갖추지 않은 건축은 존재하지 않는다는 것이다.

[…]

나는 이론가가 아니다. 건축 이론에 관한 문제들에 골몰해본

적은 결코 없었다. 내게 건축 이론이란 '내가 이 문제들을 관찰하는' 방식을 뜻하며, 이는 아카데믹한 활동이나 건축 이론 영역에서처럼 그런 관찰들을 어떻게든 체계화sistematizar하려는 열망과는 전혀 관계가 없다. 건축적으로 매우 악명 높은 이 시대는 세계대전이 끝난 1950년대 도래한 듯 보이며, 오늘날은 어느 때보다 심각하다. 보다 이론적이고 정교한 분류화를 위해서는 각 시대들을 돋보이게 하는 것이 불가피하다. 하지만 건축에서는 이따금씩 일어나는 역사적 사건들을 통해 이런 시대들의 막이 내려졌다. 이것이 우리 세계의 역사가 가진 비범함이다.

[…]

마치 그것이 실재하기라도 하는 것처럼 세미나와 심포지움, 국제회의에서 이런 건축의 문제들을 이끌어낸 것은 바로 소통las comunicaciones의 속도였다. 모더니티가 브라질 건축의 전면에 등장한 것 역시 이러한 연출을 통한 것이었다. 그리고 이런 판단에 반드시 요구되는 요소들이 있다. 그것은 바로 지식인과 지식 사회, 사상가들이며, 그 가운데 주역을 맡은 것이 바로 건축 교육이다. 이런 무대 위에서 기술이 가진 가능성과, 자신의 고유한 주거지를 건축하려는 다양한 민족의 열망이 드러난다.

[…]

브라질리아Brasilia 건설은 당시 브라질 사람들에게 대단히 중요한 의미를 가진 프로젝트였다. 이 사업이 하나의 촉매처럼 작용한 까닭은 그 도시가 표본과도 같은 도시를 이룩하겠다는 당시 그리도 유행했던 이념 아래 건설되었기 때문이다. '하나의 도시를 건설하자! 우리도 할 수 있다! 이 대륙의 중심에! 언제까지나 우리를 바닷가에 살게 하려는 식민지주의와 그 통치 행위가 얽어맨 우리의 운명에 대적하자!' 그것은 브라질이 내륙 깊은 곳에서 부를 창출하는 것에 대한 가능성과, 광활한 대륙을 염두에 둔 내부화에 대한 성찰을 통해 이루어진 것이었고, 이는 필연적으로 라틴 아메리카에 대한 성찰로 연결될 수밖에 없었다. 우리가 태평양쪽 나라들에 맞선, 대서양에 면한 나라일 뿐이라는 관념을 깨는 것. 이는 곧 대서양과 태평양을 하나 되게 하는 것과, 야만적으로 약탈당해 비어 있는 대륙을 두고 그곳의 인류정주지와 교통—철도, 하천 항해 등—에 관해 논의하는 것을 의미했다. 그리고 브라질은 [이런 약탈의 현장 가운데서도] 가장 극적인 장면이 연출된 나라였다. 이와 관련해서는 아마 카리브 외에는 브라질과 견줄만한 곳이 없을 것이다. 브라질에서 부의 원천은 노예들의 노동에 집중된 사탕수수 재배와 설탕 생산, 그리고 노예 수출이었다.

[…]

건축이 하나의 진정한 언어로 여겨지는 것을 상상해본다. 그 무엇도 우리의 '사고'el pensamiento보다 사적인 것은 없으며, 시인의 고통은 그러한 자신의 사고를 공적인 것으로 바꾸려 그것을 재편하는 데 있다. 시인이 한 편의 시를 쓰는 것, 안무가가 어떤 무대를 연출하는 것, 어느 우울한 오후 거장 프레데리크 쇼팽이 그의 머릿속 가장 사적인 곳에서 떠올린 교향곡을 연주하는 것 역시 마찬가지일 것이다. 하지만 이 곡이 우리의 귀에 들리기 위해서는 그것을 연주하고 기록하며 주석을 붙여야 한다. 건축의 문제 역시 우리라는 존재를 다룬다. 그리고 우리의 존재를 공적인 차원으로 재편하여 설정하는 그것이야말로 건축의 영원한 변혁을 이끌어 내는 힘이다. 그때 건축은 마치 창안된 개념처럼, 어떤 영역에서는 창안의 가능성으로 떠오르게 된다. 이런 방식으로 건축은 훨씬 더 흥미로워지며, 동일한 것을 반복하는 실무적인 시각에서 벗어날 수 있다.

[…]

나는 건축을 그 자체로 지식과 삶, 그리고 우리의 일상—주택과 도시, 부엌을, 그 지역을, 공장터를, 베네치아의 무기고를, 작업장을, 빨랫줄—을 불러 모으는 자신만의 고유한 방식을 가진 하나의 지식적 실체로 규정할 수 있다고 생각한다. 우리의 필요에 관련된 인류의 열망과 지식을 불러 모으는 방식, 바로 그것이 건축의 성격을 결정한다.

[…]

이것은 지혜를 불러 모으는 독특한 방식이다. 독특하다 함은 그것이 전략과 효율, 역량과 유연성, 그리고 —마치 우리 존재의 일부를 가질 수 있다는 듯 일컬어지곤 하는 인본주의적인 부분으로서— 정서afectividad를 함축하고 있기 때문이다. 다시 말하자면 이는 우리가 이곳에 있는 까닭이 바로 우리를 건축하기 위함이라는 것이다. 이런 것들을 불러 모으는 것은 흥미롭다. 그것은 엄격한 본질에 이르기 위해 과한 것으로부터 자유로워진 시각을 이루며, 그것이 하나의 숭고한 디자인으로 등장한다.

[…]

우리의 존재란 언제나 디자인에 의존하며, 그것의 결과라고 말할 수 있다. 다시 말해 우리의 존재는 원래부터 그 자체로 하나의 디자인이다. 비록 그렇게 생각하지 못한다 해도, 우리가 사물에 대해 비평적인 시각을 갖게 되는 것은 바로 이 때문이다. 이런 사물들은 언제나 어떤 디자인에 근접하지만, 그럼에도 불구하고 어떤 교리처럼 확정되고 명쾌한 건 아니다. 이런 디자인은 끊임없이 변형되지만, '우리를 이 세상에 영속하게 만드는 상태'라는 근본적인 뿌리를 가지고 있다. 이것은 흥미로운 이념이자, 디자인 개념의 한 갈래다. 우리에게 감동을 주는 것은 모두 이 시원적인 디자인을 드러내는 데 성공한 것이다. 춤을 추고, 시를 쓰며 혹은 무엇보다 우리의 거주지를 건축하고 구현하며 이루게 되는 것은 이념을 통해 미래를 발현하는 행위이다. 오늘의 문제를 해결하면서 우리는 이미 모든 것이 언제까지나 올바를 것이라는 구체적인 희망을 드러낸다. 선박이 항해를 하며, 비행기를 타고 날아가며, 램프에 불을 켜며, 발전기를 통해 물의 압력을 전기로 바꾸며 발생

포르마 가구점, 상파울루.
사진: 넬슨 콘

한 문제들은 지극히 아름다운 인류의 실현을 이끌어냈다. 이는 그것이 우리의 디자인이라는 근본적인 뿌리를 갖고 있기 때문이다.

[…]

한나 아렌트Hanna Arendt는 이를 다음과 같이 훌륭하게 표현했다. "장차 죽을 것을 알지만, 우리는 죽기 위해 태어난 것이 아니라 계속되기 위해 태어났다." 우리의 희망은 인간이란 종족이 결코 사멸하지 않는 것, 이 세계의 다른 형식 위에 그리고 다른 필수적인 형식들 중에 언제까지나 존재하는 데 있다.

[…]

오늘날까지 실현되지 않은 세계. 우리는 서양과 동양, 그리고 서양의 기독교 문명과 소송 중에 있다. 얼마나 어리석은가! 우리는 지성의 숭고하고 기념비적인 차원을 정복하기 위해, 이를 방해하는 장애물을 두지 않기 위해 싸워야 한다. 그 밖의 싸움은 의미 없는 싸움이다. 우리는 논의하기 위해서 살며, 그 결과 우리는 우리가 되고자 하는 존재가 될 것이다. 이는 흥미로운 문제다. 우리가 그것을 모르기 때문이 아니다. 인간의 조건은 어떤 상태가 아니다. 그것은 간략하게 설정된 하나의 프로젝트다.

[…]

우리가 필수적인 것으로 설정하는 그것. 우리는 우리 자신의 프로젝트다.

포르마 가구점 La Tienda Forma

포르마 가구점은 상파울루에 잘 알려진 인정받는 브랜드로서, 대략 50년 전부터 사무용, 개인용 가구를 만들고 있다. —정확하지는 않지만 아주 오래되었다— 이런 경우 건물이 갖는 품격과 명성은 도시뿐 아니라, 그 건축에 있어서도 매우 중요하다.

나는 근대적인 가구 디자인의 확산에 큰 영향력을 가졌다고 인정받는 훌륭한 회사와 계약을 맺었다. 이곳은 오로지 빼어난 디자인만을 취급하며 세계 최고의 디자이너, 회사들과 계약을 맺고 있다. 이곳은 마르셀 브루어Marcel Breuer나 르 코르뷔지에Le Corbusier, 미스Mies, 임스Eames 같은 유명 디자이너의 작품을 모두 보유하고 있을 뿐 아니라, 그런 류의 디자인 지식을 알리는 박물관으로서도 상당히 중요하다.

이런 면을 염두에 두고 프로젝트를 떠올려보았다. 그리고 그곳에서 판매하는 상품을 노출하고, 상품의 가시성을 확보하겠다는 과하지도 부족하지도 않은 매우 독특한 중요성을 매장에 부여하기로 했다. 이것은 어쩌면 윤리적인 문제를 건드리는 것이었다. 하지만 나는 이 매장이 절대적인 가시성과 매력을 갖는 것, 그리고 이곳이 건축 그 자체로서 앞서 언급했던 위대한 디자이너와 건축가들이 두루 모이기에 부끄럽지 않은 전 세계적인 회합장으로 만드는 것을 주요한 문제로 상정했다. 그리고 이것은 흥미로운 결과를 이끌어내는 촉매가 되었다.

다른 한편으로 그런 추정에는 충분하고 명확한 기술적 이유가 있었다. 쇼윈도가 있어야 한다면 — 이것의 필요성은 명백하다— 완전한 혹은 가능한 최대의 가시성을 확보한 상태에서, 가장 뚜렷하고 효과적으로 주목 받을 만한 대상으로 만들어야만 했다.

대로의 강하고 빠른 흐름과의 관계를 고려해 여기에 '영화적인' 혹은 '기술-영화적인' 문제가 개입하게 되었다. 이 매장은 행인에게 물건을 팔기보다는, 도시에 자신을 드러내고자 한다. 양방향으로 고속주행이 이루어지는 와중에 운전자의 시야는 행인들로 인해 방해를 받는다. 거기서 즉흥적으로 떠오른 흥미로운 아이디어가 바로 쇼윈도를 공중으로 들어올리자는 것이었다. 비단 보행자 뿐 아니라 주변에 세워진 차들 역시 운전자의 시야를 막아 그것의 가시성을 저해하고 있었기 때문이다. 매장의 성격상 이곳에 오는 손님들은 보통 여러 대의 차로 이곳에 도착한다. 건축가, 인테리어 디자이너, 건축주가 함께 모여 가구를 고르는 이곳이야 말로 최종적으로 어떤 가구를 구매할지 결정하는 진정한 회합의 장소이다. 지하주차장은 처음부터 고려하지 않았기에, 최선의 방안은 대지 전체를 주차장으로 만드는 것이었다. 지하주차장을 고려하지 않은 이유는 첫째로 이미 쇼윈도를 들어올리기로 하였으니 매장 전체를 들어올리면 대지 전체를 주차장으로 사용할 수 있기 때문이고, 둘째로 지하주차장은 보다 복잡한 작업과 경사로를 필요로 하기 때문이다. 대지의 폭은 30m였고, 전체를 온전히 주차 공간으로 사용하는 것이 가장 이상적이었다.

이로써 프로젝트는 어느 정도 윤곽이 드러났고, 모든 것은 공중에 매달기로 결정했다. 움직이는 자동차와의 관계에서 가시성을 확보하기 위해 시도된 이 프로젝트는 다소 충동적이었고, 쇼윈도를 구현하면서 떠오른 즉흥적인 것이었다. 30m 폭의 대지를 꽉 채운 쇼윈도는 자신의 높이를 낮추어 가면서 시야를 압축시킨다. 이곳에 전시될 품목들은 탁자, 의자, 소파 등의 가정용 가구로서 높이가 120cm를 넘는 것이 없었고, 그러므로 쇼윈도의 높이는 150~160cm를 넘을 필요가 없었다. 이 높이에 30m 폭을 가진 쇼윈도는 마치 영화 필름같이 보였고, 이는 입면에 영화적 의미를 부여했다.

문제 해결을 위한 형태는 어떻게든 도출할 수 있지만, 해답을 얻기 위해서는 먼저 그 문제를 상정해야 한다. 건축의 위대한 질문은 바로 각 사례들이 가진 진정한 문제가 무엇인지를 확인하고 깨닫는 데 있다. 문제를 특정하고 이를 해결해나가는 과정에서 무엇인가 건축된다. 포르마 상점은 그렇게 만들어졌다. [가구 전시장이기에] 내부 공간이 넓어야하는 것은 당연했다. 도시계획법상 이곳에는 14m 높이와 중간층을 만들 만한 면적이 허용되었고, 그 중간층은 입면 구조에 매다는 방식으로 건물 중앙에 놓여졌다. [장축의 양단에 위치한] 두 개의 철근콘크리트 탑은 장축과 단축

포르마 가구점, 상파울루.
사진: 넬슨 콘

의 힘을 모두 버텨낼 만한 독특한 기둥이었고, 두 개의 탑 사이는 대단히 가벼운 철재구조를 만들어 조립했다. 원칙적으로 건물에 있는 모든 상하수관과 전기 및 공기조화설비들을 그 탑 안으로 숨긴 것은 좋은 효과를 가져왔다. 그로 인해 '가볍게 부상하는 쇼윈도를 가진 전시관'이라는 구상으로부터 비롯된 이 거대한 공간에는 어떤 시각적 장애물도 덧붙이지 않았기 때문이다. 디자인에 있어서 이런 끝맺음을 내기란 대단히 어렵다.

디자인으로도 확인되는 이 긴장감 넘치는 건축에서 여러 시각적 문제들이 수면 위로 떠올랐다. 그리고 거기서부터 건축가에게 매우 흥미로운 상황이 전개되었다. 이 매장을 어떤 방식으로 닫아 출입을 통제할 것인가? 작은 파빌리온이나 유리 출입구를 설치한다면 주차장에서 진입하는 사람들을 방해하게 될 것이었다. 매장 아래편에 입구를 만들어야만 했지만, 우리는 이런 평범한 해법을 택하지 않았다. 우리가 떠올린 접이식 계단은 그 장난스러운 성격으로 대위법을 이루고, 창의적인 디자인으로 호기심을 유발시켰다. 비행기에서 사용되는 접이식 계단이나 에스컬레이터 같은 유형의 계단은 언제나 우리의 호기심을 자극한다. 구조물의 높이를 고려하면 이 건물에는 접이식 계단을 설치하는 것이 상대적으로 간단할 듯 보였다. [건물의 바닥에 단면적으로] 숨어 있는 보의 높이는 오히려 이용할 만한 구석이 있었다. 그 보의 아래쪽 측면에 이 기발한 접이식 계단의 회전축을 설치하자 축 반대편은 거꾸로 달린 무게 추로 작용하게 되었고, 이를 통해 한 손으로도 들어 올릴 만한 계단이 만들어졌다. 그곳에 전기 모터가 설치되긴 했지만 이 계단을 열고 닫는 데는 아무런 힘도 들지 않는다.

이 구조물은 우리로 하여금 "이 녀석은 도대체 어디서 이런 생각을 하게 되었을까?"라는 에드문드 윌슨Edmund Wilson의 말을 다시금 떠올리게 한다. 우리의 이목을 사로잡는 구조물에 대해 생각하는 것은 흥미로운 일이다.

전시장이라는 목적으로 충분히 이해가 되는 거대한 공간과, 그 한 편에 한 줄기 광선처럼 세밀하게 디자인된 쇼윈도의 조합은 대단히 넓은 면적에 걸쳐 창을 내지 않았음을 의미했다. 오늘날 대로변은 옥외광고판으로 넘쳐나지만 본래 이런 길들은 광고를 위해 만들어진 것이 아니다. 이곳 쇼윈도에 진열된 제품이 교체되며 생겨나는 변화는 곧 입면 전체가 가변성을 갖추게 되는 것을 의미하며, 이 매장의 거대한 입면은 화보나 콜라주 필름들이 자동으로 교체되는 최신형 패널을 연상시킨다.

종이에 관한 아이디어가 떠오른 것은 그때였다. 그렇게 가벼운 구조물은 자신의 두께를, 특히 쇼윈도 밑단을 두툼하게 드러내길 원치 않았다. 30m의 경간을 가진 이 건물 장변의 보는 150cm에서 170cm의 높이로 계산되었다. 만약 쇼윈도를 그 보 위에 놓는다면 2m 높이의 주차장에 보 높이까지 더해지게 될 것이고, 이는 구상했던 쇼윈도로 적당하지 않았다. 쇼윈도의 이상적인 높이는 2m 내외였다. 실제로 만들어진 쇼윈도의 높이는 건축법의 제한을 넘긴 2.1m인데, 이는 아주 흥미롭고 전략적인 구조를 통하여 성취된 치수다. 장축을 가로지르는 30m 경간의 보는 위아래 쪽으로 겹쳐진 두 개의 'T'자 모양으로 디자인되었다. 쇼윈도는 프리스트레스트 기술이 적용된 아래쪽 'T'자의 한 쪽 날개가 2.5m 가량 연장되면서 만들어졌다. 그 콘크리트 날개에는 철재난간을 조립하기 위한 심지가 매립되었고, 끝단으로 가면서 날개의 두께는 본래 10cm에서 '0'으로 수렴하고 있다. 이렇게 만들어진 쇼윈도를 외부에서 보면 말 그대로 두께가 없다. 앞서 언급한 '종이' 개념의 디자인 원리는 거대한 패널을 이룬 수직 부재[측벽]에도 적용되었고, 전면이 45도로 깎이면서 만들어진 그 예리한 수직선은 입면의 가장자리에 정확히 맞추어졌다. 얼핏 보기엔 두께라고는 전혀 없는 듯 보이는 이 건물은 이런 방식으로 만들어졌다. 결과는 아주 우아하고 매력적이었으며, 실제로 모든 것을 만족시켰다.

구조물^{la estructura}에 가면을 덧씌우는 것은 건축이 가진 매우 고유한 시각적 허위다.

입면을 금속판으로 마감하고자 했기에 이를 계산했다. 알루코본드^{el alucobond}는 당시에 등장한 재료였다. 하지만 알루코본드라는 얇은 재료는 음향상 문제가 있어 실내에는 방음재를 설치해야만 했고, 이 재료가 만들어낸 규칙적인 줄눈은 그것을 마치 블록처럼 보이게 만들었다. 이로 인해 문제는 복잡해졌다. 원래 처음 사용하려 했던 것은 선박에 사용되는 진정 거대한 강철판이었다. 경량 알루미늄이 아니라 무거운 철판을 원했지만, 결국 알루미늄을 사용하는 것도 좋은 방안임을 인정하지 않을 수 없었다.

철골구조와 철근콘크리트구조를 하나 되게 하는 것은 구조적으로나 체계적으로 모두에게 득이 되는 합리적인 결과로서, 훌륭한 구조적 성격을 드러낸다. 콘크리트구조, 철근콘크리트구조, 프리스트레스트 콘크리트구조, 철골구조는 일반적으로 훌륭한 구조체계이다. 보통 철근콘크리트 구조물이 보다 무겁고 안정되며 정착된 것 같은 느낌을 주고, 철골구조물은 더 가볍고 부유하는 느낌을 준다. 철골구조물은 처음 등장했던 순간부터 언제나 그랬다고 할 수 있다. 베라사노^{El Verrazano}의 구조물이나 샌프란시스코의 골든게이트는 매우 잘 알려진 현수구조물과 현수교로서 수 킬로미터의 연장에 이르는 대단히 아름다운 구조체계를 이루고 있다. 에펠탑의 기초는 돌로 만들어졌다. 건축물을 대지에 정착시키는 까닭은 항상 가벼운 것과 무거운 것 간의 차이 때문이며, 특히 바람은 건축물을 대지에 고정하는 방법을 통해서만 극복할 수 있다. 비행 물체를 만드는 것은 어려운 일이지만, 주택을 지을 때도 상당한 주의가 필요하다. 주택은 우리가 예상치 못하는 순간에 날아오를 수 있기 때문이다. 이런 건축의 모순을 연구하는 것은 흥미롭다. 사실 건축물의 안정성은 상대적인 것이며, 우리 생각만

부탄탕 주택, 상파울루.
사진: 엘리오 피뇬

큼 안정적이지 않다.

따라서 가벼운 구조물을 대지에 고정하려면 어쨌건 속이 단단히 채워진 것una solidez과 관계를 맺어야 한다. 하지만 사실은 속이 단단히 채워진 것 역시 그 구조물의 최종적인 성향으로 볼 때 그다지 안정적이지만은 않다. 대성당이 언제라도 무너질 수 있는 것처럼 그것이 안정된 상태의 기하학에서 언제 우리를 '놀라게' 할지 누구도 알 수 없다. 너울거리는 곡선으로 이루어진 코팡 건물El Copan, 03의 파동형 평면은 바람의 힘에 대한 안정성을 드러내는 대단히 흥미로운 형태다.

내부 공간과 입면의 문제를 해결한 철골구조물을 —하중 문제까지도 포함하여— 철근콘크리트 구조물이 마치 새로운 대지라도 되는 양, 그 구조물에 정착시키는 것은 흥미로운 작업이었다.

매장에는 상당한 무게의 가구들을 전시할 계획이라 우리는 500kg/㎡의 적재를 염두에 두었다. 이는 건축조례가 규정한 300kg/㎡를 넘어서는 수치였다. 30m 경간의 보, 그것을 정착시킬 두 개의 핵은 이렇게 만들어졌고 설비들은 모두 그 구조물 안으로 숨겼다. 이것은 어떤 원시적인 건축물이 더 가벼운 재료로 만들어진, 거대한 공간을 덮을 수 있는 다른 건축물을 수용하는 것이었다.

매장의 내부 공간이 기둥이나 구조물로 가득 채워지길 원하는 사람은 없을 것이기에, 상당한 높이를 가진 거대한 빈 공간을 떠올려보았다. 한편 전시장이라는 그 거대한 공간에 수직배관을 필요로 하는 전기나 공조 설비 등을 설치할 수는 없었다. 매장을 횡축으로 앉히려는 생각에는 이런 동기도 있었다. 건축물의 기초를 연장하고 있는 두 개의 철근콘크리트 구조물에 매장을 지지하는 주된 축을 길이 방향으로 앉혔고, 그 위의 빈 공간은 철골구조로 건축했다. [매장 내에는 공중에 매달린] 철재로 만들어진 다락층—이탈리아어로는 메자니노mezanino—이 있지만, 그 너비는 30m가 아닌 12m에 불과하다.

에스키모의 눈처럼 가늘고 길게 쭉 찢어진 쇼윈도는 수평성을 강조하게 되었다. 하지만 건축가에게 이런 걱정은 아주 일반적인 것이다. 그리고 우리는 이미 그런 효과들을 다루는 데 익숙하다.

이 모든 것이 외부 패널과 포르마 매장의 입면 광고에 대한 아이디어로 분출된 것은 더 많은 시간이 지나서였다. 종잇장과 같은 입면을 요구했던 것은 무엇일까? [부재들의 두께를 찾아 볼 수 없는 건축물이라는] 이 황당하고 피상적이며 위선적인 건축적 해결책은 매장에 예상치 못한 매력을 만들어낸다. 이곳에 유희적인 개념을 도입하는 것을 꺼릴 이유가 있을까? 물론 나에겐 그다지 재미있어 보이진 않지만 가구나 의자, 식탁을 팔고 사는 행위는 마치 소꿉놀이처럼 보인다! 사실 내가 이런 익살스러운 시각이나, 유희적인 모습에 치우친 것은 아니었다. 이 매장은 다른 여느 상점들과 마찬가지로 즐기기 위한 장소다.

물론 가구만 파는 이곳을 방문하는 것은 시내나 마트로 쇼핑을 가는 것과는 다르다. 이 매장에는 내가 디자인한 제품조차 팔지 않는다. 이곳에서 파는 것은 오로지 수입 카펫뿐이다. 나는 자국 제품을 평가 절하하는 브라질 상인들의 악의를 이해할 수 없다. 부에노스아이레스와 고이아니아Goiânia에 있는 이런 매장들에서는 브라질에서 디자인된 의자를 찾아볼 수 없으며, 심지어 그 매장을 디자인한 내 작품조차도 찾을 수 없다.

내가 그런 일에 신경을 써야한다는 것 자체가 황당한 일이다. 우리는 그들과 어떻게 맞서며, 이런 상황은 어떻게 받아들여야 할까?

부탄탕 주택 Residencia Butantã

당시 브라질에서 나의 친구와 건축 동료들은 모두 프리패브la prefabricación 기술에 큰 감동을 받고 대단히 관심을 가지게 되었는데, 이는 분명히 국내 사정 때문이었을 것이다. 1950년대 말에서 60년대 초까지 우리는 브라질리아를 건설하고 있었다. 당시 나는 사실상 학생이었고, 정확히는 학부를 마치는 중이었다.

이 주택은 공간의 다양성을 인정하고 있으며, 건축 이후에 새로운 장소들을 후천적으로 설치할 수 있는 구조를 갖고 있다. 기본 구조체는 엄격한 모듈에 맞추어 현장에서 타설된 철근콘크리트로 만들어졌다. 하지만 [현장타설 되었음에도 불구하고] 그것은 프리패브와 같은 개념을 가진 엄격하고 일관적인 디자인이 적용된 모듈러 상자와도 같았다. [평면에서 볼 때] 이 구조물은 'T'자 모양의 축을 이루고 있으며, 바닥판과 축은 가운데를 비우고 양단에 기둥을 가진 두 개의 보에 의지하고 있다. 결론적으로 이 엄격한 체계는 네 개의 기둥 위에 균형을 잡고 있다.

이 주택의 대지는 지반이 약한 피녜이로스Pinheiros 강 둔덕에 있었고, 지반에 관한 문제로 집중 하중에 구체적인 제한이 있다는 것은 나름 흥미로운 일이었다. 각 기둥에 허용된 하중은 100톤이었고, 이를 근거로 주택은 총 400톤의 하중을 갖게 되었다. 당시는 이런 종류의 합리성을 아주 등한시하는 경향이 있었다. 당시는

마리오 마세티 주택, 상파울루.
사진: 파울루 멘지스 다 호샤

건축을 하는 사람이 기술적인 문제에 관심을 가지는 것을 장인적이거나 대중적인 양상을 벗어나는 것으로 치부했다. 일반적인 건축체계들은 이 주택의 요구에 상당한 취약점을 드러냈고, 프로젝트를 실현하기 위해 우리는 보다 까다로운 기술을 찾아야만 했다. 골조를 활용한 디자인으로 주택은 전체적으로 개방된 공간을 갖게 되었다. 관찰을 통해 알 수 있듯이 이 주택은 [공간 변형에] 유연하기에, 이 평면을 통해 두 집이 똑같지 않고 서로 다른 특징을 가질 수 있게 되었다.04

주택을 대지에서 들어올린 것은 도시에 대한 배치와 공간성에 대한 생각에서였다. 주택은 강가 언덕에 있었고, 주 진입로는 이미 가로 막혀 도로로서의 성격을 잃었다. 네 개의 기둥으로 주택을 들어 올려 그 밑에 아늑한 작은 뜰을 만들려는 생각으로 주택 아래쪽에 해당하는 언덕 일부를 잘라냈다. 이 작업은 언덕과 본래 있던 도로가 남긴 자취에 해를 주지 않는 방식으로 이루어졌다. 그 밖의 것들은 평면을 통해 연구하는 편이 나을 것이다. 나는 이 주택을 과도한 마감을 찾을 수 없는, 아니 그보다는 장식으로 가득 채워진 부르주아 풍 삶의 특성과는 거리가 먼, 어쩌면 그런 것과는 무관하다고 하는 편이 나을 만한 아주 단순한 주택으로 생각했다. 이 주택은 가난한 동네의 주택이나 공공주택과 비슷하게 극도로 절제되었고, 부유한 사람이 이런 주택에 거주한다는 사실은 우리를 약간 어리둥절하게 한다. 형태적 관점에서 이 주택은 호화주택의 꿈을 팔기 위한 그런 집은 아니다. 플라비오 모타Flacio Motta는 이 주택을 두고 개화되거나 문명화된 상태, 혹은 그보다 조금 나은 상태에 있는 가난한 동네의 주택이라고 평가했다.

우리는 심지어 모든 구멍과 개구부까지 주의를 기울였고, 상하수관을 포함한 주택의 모든 부분들을 그렸다. 그 밖에 달리 할 일이 없었기 때문이었다.

주택의 모든 부분에 걸쳐 천창을 시공했다. 유럽에서는 불가능한 일이겠지만 우리는 열대기후에 살고 있다. 재미있는 사실을 하나 고백하자면, 1960년 우리가 콘크리트 지붕 위에 완충재만 놓고 바로 설치한 유리창이 아직 그곳에 그대로 있다. 이는 믿을 수 없는 일이다! 당시 사용한 3M 제품이 아직 판매중인지는 모르겠지만, 새로운 제품을 개발했다 하더라도 그것보다 낫지 않을 것이다.

이 주택은 열망과 열정, 영감 그리고 [그 밖의 다양한 것들을] 불러 모아 이끌어낸 것이다. 당시 프리패브에 대한 관심은 대단했다. 이 주택이 프리패브로 지어졌기 때문에 그것을 언급하는 것이 아니다. 이 주택은 하나의 부재로 이루어졌기에 우리는 프리패브 방식을 사용할 수 없었다. 하지만 이 주택은 마치 프리패브화된 부재들을 조합한 것처럼 디자인되었다. 이제는 주택에 사용된 네 개의 기둥과 두 개의 주된 보에 대해 이야기하려 한다. 현재 이것들은 모두 본래와는 다르게 수선되어 있다. 내가 이야기하려는 것은 네 개의 기둥과 두 개의 보, 그리고 앞에선 언급하지 않았던 'π(파이)'형의 바닥판에 관한 것이다.

시대의 요구를 따라 나 역시 무엇이든 프리패브화 된 것을 만들고자 했다. 프리패브와 모든 격벽들 즉, 대량 생산되는 건축에 관하여 논의했다. 지나치면 좋지 않겠지만 해가 되지 않는 범위에서, 건축의 산업화를 부양하기에 충분한 양을 사용하고자 했다. 이는 우리가 잘 알듯 검증되지 않은 업자들이 야기하는 처참한 작업에서 벗어나기 위해서였다.

프리패브화되었다면 주택은 지금보다 높아졌을 것이다. 축의 높이가 50cm임을 감안하면 바닥과 보에서 각 50cm를 더해 전체는 1m가량 더 높아졌을 것이다. 하지만 정정 구조는 부정정 구조로 실현된 계산값을 통해, 부정정 구조와 균형을 이루어야 했다. 당시 사용되던 프리패브 부재들의 결합은 다른 구조적 성향을 요구했으며, 결론적으로 더 무거운 부재들을 사용할 수밖에 없는 정정 구조의 성격을 가진 골조를 필요로 했다. 힘의 전달 면에서도 그곳의 부재들은 반복되지 않는 [즉, 단일한 부재로 서로 다른 종류의] 힘들을 버티기 위해서는 불필요한 구조적 부담을 피할 수 없었을 것이다.

프리패브 방식이 운송과 조립 과정에서 이득이 있다는 점은 분명하다. 나는 이 방식에 관심이 있으며, 이를 통해 보다 훌륭한 집을 지을 수 있으리라 생각한다. 건축적 장치들은 프리패브화된다면 분명 더 아름다울 것이다. 이리저리 널뛰는 변덕을 좇지 않고, 미리 설정된 섬세한 볼륨들을 가지고 하나의 볼륨을 만들 것이기 때문이다. 이를 통해 흥미롭고 진실한 볼륨이 도출될 것이다.

이후 많은 건축가가 시공사 셈플라CEMPLA와 작업하기 시작했다. 그는 뭐든 잘 만드는 것을 좋아했다. 시게오 미츠타니Shigeo Mitsutani가 규정에 준하지 않은 두께의 그 지붕판을 계산하려 그리도 매진했던 것은 오로지 그 건축적 개념을 이루기 위해서였다. 그리고 그는 그렇게 협의를 이끌어냈다. 효율적이지 않은 안전 규정에 불복하자고 제안한 것도, 그 대안을 계산해낸 것도 바로 그였다. 4cm두께를 가진 지붕판에 허용되는 부재들 간의 간격은 107cm였다. 지붕판의 두께는 그렇게 정해졌고 이는 환상적이었다. 그 지붕판의 두께는 지붕 전체에 50cm 높이의 수직판을 필요로 했고 그렇게 허가를 받았다.

자동으로 열리는 창을 상상했다. 그것은 [창을 붙잡고 있는] 회전축을 창틀 바깥쪽으로 떨어뜨려 놓으면 창이 자신의 무게중심 쪽으로 평형을 이루며 저절로 열리게 되는 원리였다. 회전축을 외부에 설치하여 스스로 평형을 이루는 상태를 규정하고, 그곳에 창틀을 매달면 창을 잡고 있는 걸쇠를 풀 때 창은 평형을 찾아 저 혼자 움직이게 될 것이다. 나는 역학적 법칙을 따라 열고 닫히는 자동창을 발명했다.

냉온수 수도관을 설치하기 위해 욕실 바닥에 구멍을 내면, 나

브라질 조각박물관, 상파울루.
사진: 넬슨 콘

중에 이를 막지 않을 수 없었다. 나는 그 불편을 피해보고자 수도관이 욕실 밖 마른 나무 바닥을 통과하는 방법을 궁리했다. 바닥을 통과한 배관은 수도꼭지 높이에서 꺾여 욕실 내부를 향하게 되었는데, 이는 사실 아주 간단한 작업이었다. 이 주택은 사랑하는 나의 아내와 아이들을 위해 디자인한 것이다. 비록 누구를 위한 것이라도 중요도가 다르진 않았을 테지만 말이다. 이것은 아주 훌륭하고 지혜로운 아이디어였지만, 단지 그 문제만을 해결하는 것으로는 아직 조금 낯설어보였다. 그것을 어떻게 만들어야 아이들이 "와! 예쁘다!"라고 감탄하고, 아내가 흡족하게 여길까 고민해보았다. 일전에 모스크바에서 뱀 모양의 라디에이터를 본 적이 있다. 그것은 겨울에 샤워를 마치고 쓸 수건과 입을 옷을 미리 걸어두어 따뜻하게 만드는 기구였다. 나도 욕실에 그와 같은 것을 만들기로 마음먹었다. 수도관이 욕실 바닥을 통과하는 기술적인 문제가 이런 상세를 만들었으리라고는 누구도 생각지 못할 것이다. 누가 봐도 이것은 수건을 따뜻하게 하려고 만든 기구였다.

마치 한 곡의 노래와 같은 이것은 사랑하는 이에게 건네고 싶은 아주 섬세한 이야기다. 노래나 시를 짓듯, 건축도 그와 같을 수 있다. 건축 역시 꽃과 장식을 사용한다. 이런 구축적인 [면모를 드러내는] 건축에서도 수건걸이를 통해 순수하게 기술적인 논리로만 만들어지지 않은, 편안하고 예쁜 것을 이야기할만한 구실이 있다. 이를 실현하기 위해 구리관을 완벽하게 구부릴 줄 알고, 능숙하고 재치 있게 이 뱀 같은 라디에이터를 완성시킬 만한 전문가를 물색하게 되었다.

이것은 분명 그들에 대한 호의를 표현하는 일이었다. 그들은 언제나 욕실을 좋아했다. 욕실 배관을 그대로 방치했다면, 이는 그들에게 조금 무례하게 보였을 것이다.

동일한 주택 두 채를 한 번에 짓는 것은 진정 흥미로운 일이다. 그것은 주택 부족이라는 주제와 더불어 우리가 가진 합리성과 이성에서 비롯된 필연성 등을 상기시키기 때문이다. 오늘날 무언가를 복제하는 동기는 주로 [작업 효율의] 향상과 이익을 도모하기 위한 것으로 볼 수 있다. 오늘날의 주택난……. 우리에게 서로 다른 열 채의 주택을 디자인할 만한 시간이 있는가? 빌라든 단독주택 단지든 분명 어떤 요구에 부응하여 지어졌을 주택들이 언제나 똑같은 이유는 무엇인가? 이것은 우리가 가진 지성과 사회적 지위, 오늘날 우리가 속한 세계의 상황을 인식하게 하는 흥미로운 질문이다. 수직적 건물이 진정 흥미로운 구조물인 까닭은 그것이 여전히 주택 단지를 이루고 있기 때문이다. 똑같은 아파트와 똑같은 주택들이 있다. 내가 부탄탕에 지은 주택 두 채와 같이 어떤 것들이 서로 동일하다는 것은 언어적, 기술적 관점, 그리고 그것이 지성이 낳은 아이디어라는 관점에서 아주 흥미로운 결정이다. 또한 단순하고 효과적이며 지적인 방식으로 문제를 해결한다는 점에서 전략적으로 탁월한 결정이기도 하다. 나는 주택 두 채를 건축해야만 했고, 두 채를 똑같이 짓는 아이디어를 떠올렸다. 이는 건축이 이성을 통해 만들어진 형태라는 관점에서 거대한 논의를 유발한다. 그때 '뭐, 거리낄 것 없어! 똑같은 주택 두 채를 짓는 거야'라고, 마음을 굳히는 것은 진정 즐겁고 놀라운 일이다!

조각박물관 Museo de la Escultura – MuBE

이 조각박물관의 사례를 통해 처음엔 무척 마음에 들지 않았지만, 종국에는 촉매가 되었다고 인정하지 않을 수 없었던 '설계경기의 역할'에 대해 이야기하고자 한다. 우리 사무실을 포함한 지역 내 여러 설계사무실에 즉각적인 답을 요구하는 한 설계경기가 공지되었다. 7,000㎡의 면적을 가진 대지에 3,000㎡ 규모의 작은 조각박물관을 짓는 프로젝트로 그렇게 큰 규모도 아니었다! 당시 이 설계경기는 내게 그다지 매력적으로 보이지 않았는데, 이는 경쟁 때문이라기 보다는, 그것이 아주 급박한 프로젝트처럼 보였기 때문이었다. 이 박물관은 사실 이곳에 어떤 건물이 지어지는 것을 막기 위해 주민들이 급히 마련한 대안이었다.

이야기는 한 회사가 이곳에 쇼핑센터를 세우기로 마음먹은 그때로 거슬러 올라간다. 지역 주민단체들은 쇼핑센터의 건설에 반대했다. 이곳은 오래전 주택을 짓기 위해 구획된 전용주거지역이었다. 주민단체들의 반발로 시청은 사업 진행을 중지시켰고, 1년의 기한 내에 공익적인 대안 사업을 제시하라는 조건 하에 대지를 주민들에게 양도했다. 이후 그 자리에 조각박물관을 짓기로 결정된 것은, 아마도 위대한 조각가 빅토르 브레체렛Victor Brecheret의 가족이 근처에 살았던 영향 탓이었을 것이다. 그들은 상파울루 건축가들 중 몇 명을 지명하여 설계경기를 공지했다. 누가 그 경기

브라질 조각박물관, 상파울루.
사진: 넬슨 콘

에 참여하는지는 이미 모두 알고 있는 상태였다. 나는 심포지움을 개최하여 건축가들이 모두 모여 서로 이 주제에 대한 연구와 고민을 나누면 좋겠다고 생각했다. 그중 가장 좋은 것이 무엇인지는 추후에 건축가들이 논의하면 될 일이었다. 나는 우리가 그곳에 진정 건축해야 하는 것이 무엇인지에 관해 논하고자 했고, 처음 떠오른 질문은 '과연 박물관이란 무엇인가'에 관한 것이었다. 그리고 창의와 창의성에 관한 사례들을 비교하고 떠올리는 데 도움이 될 만한 어떤 문학비평가의 말을 기억해냈다. 한 기자가 에드먼드 윌슨Edmund Wilson에게 물었다. "당신의 비평은 언제나 흥미롭고 독보적입니다. 당신의 그런 능력은 어디서 나옵니까? 당신의 비평적 개념은 어떤 구조를 갖고 있습니까?" 윌슨은 다음과 같이 대답했다. "그건 아주 단순합니다. 제가 하는 방식은 이렇습니다. 일단 어떤 것을 읽고 나 자신에게 묻습니다. 이 사람은 대체 어디서 이런 생각을 하게 됐을까? 대체 이걸 왜 쓴 걸까?"

나도 윌슨과 같이 생각해보았다. 그리고 자문했다. 도대체 그곳에 박물관을 지어야 하는 이유는 무엇인가? 박물관이란 무엇이며, 또 조각박물관이란 무엇인가? 그것은 누구도 모른다. 에드먼드 윌슨이 찾아 헤매던 이유, 나는 무언가를 건축하기 위한 이유들을 찾아 나섰다.

이 과정에서 떠오른 것은 다음과 같은 주제들이었다. 첫째, 조각박물관은 조각을 훌륭히 진열할 줄 알아야 한다. 이는 비단 내부 공간에 작은 조각이나 스케치, 연구들을 전시하는 방법뿐 아니라, 야외 공간에도 관심과 집중력을 잃지 않고 조각을 전시하는 방법을 잘 알아야 한다는 것을 뜻한다. 대부분의 조각이 야외에 더 어울리는 것은 애초에 그런 목적으로 만들어졌기 때문이다. 조각가가 생각했던 본래 목적지는 '안'이 아닌 '밖'이다.

단순히 남겨진 공간을 이용하는 것이 아니라 야외 전시 공간을 박물관에서 차별화된 환경으로 만들기 위해 건축가에게 허락된 레퍼토리는 어떤 것일까? 과연 내부 공간은 무엇이며, 외부 공간은 무엇인가? 대지 한 가운데 건축물을 세우면 사방으로 공터가 남게 되고, 그 공터와 이웃한 주택들 사이에 생겨날 새로운 영역은 앞뒤로 정원과 텃밭을, 양편으로는 더 으슥한 공터를 만드는 것이 고작일 것이다. 이런 공간 유형은 별 쓸모가 없다. 만약 중정을 중심으로 공간을 구성한다면 앞서 언급했던 공간들은 생겨나지 않을 것이다. 하지만 이미 나는 중정이라는 유형의 공간을 박물관에 가장 적합한 무엇이라기보다는 식민지와 식민지 건축이 남긴 잔재라는 생각을 가지고 있었다. 이는 정숙함과 관련된 것으로, 중정 건축은 내부에서 일어나는 일들을 타인에게 숨기려는 욕구로 만들어진 상당히 배타적인 방식이며, 결론적으로 우리로 하여금 도시를 등지게 한다. 내부 중정이나 대저택의 안뜰, 수도원의 중정을 처음부터 염두에 두지 않았던 것은 그런 이유였고, 중정을 고려하지 않기로 결정했다.

[야외 조각관람을 위한] 지붕 덮인 정원은 무슨 재료로든 만들 수 있겠지만, 자칫 나머지 공간들이 활용되지 못하고 남겨지게 될지도 모를 일이었다. 접근에 대한 특별한 문제들을 함축하며, 동시에 도시 영역과 크게 구별되는 장소를 형성하려는 목표와 관련해서 내 머릿속에 떠오른 것은 바로 온실이었다. 그 모습을 조각박물관이라는 주제의 요구 안에서 고려해본 후, 내외부 공간 사이의 디자인을 생각했다. 나는 외부 공간과 내부 공간이 완연하게 공존하는 문제에 관심이 있었다. 누군가 말했듯이 이런 문제들을 피하기 위해선 하나의 박물관을 창안해야 했다. 그리고 바로 이것이 해결해야 하는 근본적인 문제가 되었다. 그 뒤를 따른 것은 ― 실제로는 가장 먼저 고민했던 것은 ― 이런 형태의 대지에는 건물을 어떻게 앉혀야 할지에 관한 문제였고, 이는 사실 박물관의 열린 공간이 도시에 어떤 결과들을 가져올지에 관한 문제이기도 했다.

마치 하나로 연속된 것처럼 도시와 이곳이 같은 높이를 갖는 것을 전제했지만, 대지는 경계를 따라 높이차가 있었다. 실제로 알르마냐Alemanha 길과 대지 반대편의 에우로파Europa 대로 사이에는 4m의 높이차가 있었다. 거기서 보다 구체화된 것은 알르마냐 길 쪽에서 건물에 접근하고, 에우로파 대로 쪽에서는 건물이 보이지 않게, 아니 심지어 그 밑으로 지하 공간이 있다는 낌새조차 차릴 수 없게 하는 아이디어였다. 하지만 그럼에도 불구하고 [공공시설인] 박물관에 뚜렷하게 눈에 띄는 표지가 없다는 것은 심히 염려되는 문제였다. 정원은 건축물이 아니기에 어떤 방식으로든 표지를 남겨야만 했다. 정원을 단장하기 위한 건축적 유형으로는 로지아loggie나 파고라pérgolas, 소신전templetes 같은 것들이 있다.

이 모든 요소를 단 하나의 부재로 농축하여 풀어내기로 결정했고, 이로써 하나의 보[05]가 만들어졌다. 이제 최종적인 문제는 이 보를 설치할 지점에 관한 것으로, 보의 수직수평 위치를 결정해야 했다. 먼저 수평적으로 에우로파 대로와 직각을 이루게 배치되어야 한다는 것은 분명했다. 건축물과 그 지하 공간이 남겨질 대지와 영향을 주고받을 것이기 때문이었다. 대지는 아마도 수만 년 전부터 이곳에 있었을 테고, 그에 비하면 에우로파 대로는 최근에 만들어진 인류의 작업이다. 대지의 움직임과 신작대로가 형성한 축, 이 두 가지 모습을 찬미하고자 했다.

이제 수직으로 그것이 설치될 높이를 결정하는 일이 남았는데, 최종적으로 그 높이는 우리네 일반적인 주택의 높이인 240cm~250cm로 결정되었다. 그것은 이 정원에서 보게 될 주변 광경을 구성하고 있는 단위 높이로서, 정원에서 보이는 대상들이 가진 스케일의 근거였다. 우리는 일상적인 주택에 해당하는 높이를 취하였다. 정원 디자인은 사랑하는 친구 불레 마르스에게 부탁했다. 아마 이곳의 정원이 그가 마지막으로 남긴 작업 중 하나일 것이다. 우리는 [건물을 짓지 않아] 대지가 자연 그대로 남겨진 부분에만 정원을 조성했다. 지하층의 지붕에 조성된 박물관의

돔 페드로 II 터미널, 상파울루.
사진: 넬슨 콘

공터는 그곳에 산발적으로 설치된 조각들이 빛과 그림자를 통해 부각될 수 있도록 건조하고 편평한 광장으로 남겨두었다.

건물이 갖는 또 다른 특징 중, 첫눈에는 그다지 내세우거나 주목할 만한 건축적 가치로 여겨지지 않지만 관심을 갖고 살펴볼 만한 부분은 야외 전시를 돌아보는 거대한 산책 장소, 그 바닥면에서 느껴지는 완벽한 수평성이다. 야외에 놓인 평면이 절대적 수평을 이룬다는 것은 그리 간단한 문제가 아니다. 이는 다양한 건축적 문제들과 대단히 흥미로운 기술적 문제들의 해결을 요구한다. 우리는 가능한 가장 완벽한 수평을 구현했다. [그곳의 바닥은 두 겹을 이루고 있는데] 바닥 상판 아래쪽에 숨겨진 지하층의 지붕면에는 방수처리를 했고, 그곳을 가로지르는 보들은 중심 부분의 높이를 높여 빗물을 배수할 수 있는 경사면을 만들었다.

바닥 상판은 프리패브 방식으로 만들어져 완전한 평면을 이룬 패널을 이용했다. 그곳의 광장은 방문객과 주민들로 늘 붐빌 것이기에 이 패널은 방수층을 물리적으로 보호하는 역할을 하는 동시에 박물관 건물 위로 공기층을 형성하여 단열 효과를 거두어냈다. 프리패브 패널 사이의 연결 부위는 막지 않고 열어두어, 이 바닥은 비가 온 후에도 금세 마르곤 했다. 이는 흥미로운 결과였고, 어떤 면에서 마술과도 같았다. 완벽한 수평을 이루고 있으면서도 빗물을 완벽히 배수해냈기 때문이다. 이것은 주변 경관과의 적합성에서 비롯된 완벽한 수평성이라는 그 건축 자체의 미학적 관점을 구현하기 위한 기술적 창안물이라고 할 수 있다. 거기서 '물agua'과의 대위법을 떠올렸고 두 지점에 잔잔한 수면을 설치했다. 그것이 이 박물관이다.

이로서 조각박물관은 '건축-도시적인 성격'과 '경관-기술적인 성격'을 가진 시각을 동시에 갖출 수 있게 되었다.

한편, 이런 거대한 부재를 만들기 위해서는 익스펜션 조인트가 필요하다는 것을 알게 되었다. 보의 길이는 60m였다. 건축 법규에는 조인트 사용을 의무하고 있었지만, 이는 하나의 부재였다. [그것에 조인트를 사용할 수 없었으므로] 그것은 조인트 없이 지지체 위에 바로 앉혀졌고, 이것은 우리가 그동안 잊고 있던 아름다움을 선사했다.

오늘날 기술이 집약된 발명품들이 자신의 가치를 가장 잘 드러내고 있는 곳은 바로 비행기다. [비행기를 보라!] 난간은 결국 난간일 뿐이다. 만족스러운 결과를 얻기 위해서는 이미 규정된 것을 좇아 단지 그것이 가진 시각적 부분만 다루기보다는, 독보적인 기술이 갖는 단순성을 반복하는 편이 낫다. 망치질과 용접으로 나무 손잡이를 금속에 고정하는 것이나, 리오 데 자네이로와 니테로이를, 산토스와 과루하를 오가는 페리에 설치된 패치에서 보듯이 용접들은 이따금씩 가장 간단하고 환상적인 수선을 통해 문제를 해결하곤 한다. 엄격한 의미에서 난간은 존재하지 않아야 한다. 가끔 건축을 구성하는 상당한 양상들이 오류처럼 들리는 것들에서 가치를 얻을 때가 있다. 난간이 드러낼 수 있는 최고의 아름다움은 난간이 존재하지 않는 데 있다. 이따금씩 어떤 이들은 박물관에 오는 아이들의 안전을 염려하는 것을 잘 알고 있다. 하지만 사실 아이들은 리오 데 자네이루의 해변에서 자라나며, 아르포아도르Arpoador의 수많은 바위틈에서도 절대 떨어지는 법이 없다. 우리는 장치보다 아이들의 지성을 믿는 편이 낫다. 가끔은 이런 단순함이 대단한 가치를 갖기도 하는데, 그것은 대중문화라는 것이 단지 꽃으로 장식된 난간을 만드는 수공 작업만을 지칭하는 것이 아니라, 철재튜브를 이용하여 지금은 낡아버린 그 배를 만들던 용접공의 작업을 가리키기도 한다는 것을 우리에게 깨닫게 하기 때문이다.

    섬세하게 만들어진 박물관 바닥에 난간을 설치하는 일은 쉽지 않았다. 평편한 바닥에 부재를 고정하게 되면 방수 처리에 악영향을 미치거나 깨지기 쉬운 상태가 될 수 있었기 때문이다. 처음에는 나사를 이용하여 고정하는 방식을 생각했다. 그것은 콘크리트를 타설할 때 L형 금속판을 바닥에서 솟아오르도록 매립하고, 여기에 난간을 나사로 고정하는 방식이었다. 두 개의 판에 고정된 난간은 건축법이 요구한 80kg/m 규정을 충족했다. 난간은 마치 사용자에게 손잡이를 들어 올려 그 금속판을 뽑으라고 청하는 것처럼 보였다. 하지만 우리는 이 방식이 최선이 아니라는 것을 깨닫게 되었다. 우선 그것들을 매립하며 이들 모두의 정확한 위치를 잡는 것은 여간 힘든 일이 아니었고 이후 판처럼 얇은 부재에 용접하는 것 역시 쉽지 않았기 때문이다. 먼저 나사를 박은 후, 그것의 상부에 용접을 하는 편이 더 수월했다. 이 상황에 가장 적합한 것은 진정 대중적인 수작업, 다시 말해 그 문제를 전적으로 용접공에게 맡기고, 아무런 디자인도 강요하지 않는 것이었다. 오늘날 금속학은 이미 경이로운 수준에 이르렀고, 그 작업을 통해 해결된 문제들은 우리에게 측량할 수 없는 극한의 아름다움을 선보인다.

    아름다움 역시 역사적인 시대에 기인한다. 아라비아와 베네치아에서 볼 수 있는 지극히 아름다운 난간과 손잡이는 우리가 아직 기술이나 과학적 성격을 가진 발명품에 아름답다는 가치를 부여할만한 용기가 없었던 시대에 만들어진 것들이다. 하지만 이제 우리는 그럴만한 시대에 살고 있다.

    손으로 만든 것과 기계로 만든 것, 이 모두는 아름다움에 대한 나름의 윤리 규범su código ético을 가지고 있다. 그리고 윤리와 아름다움은 언제나 하나를 이루어야 한다. 아름다움이란 어려운 단어지만 우리는 그 의미를 알고 있다. 그것은 어떤 작품의 실현에 관련하여 우리를 감동시키는 무엇이다. 사물이 드러내는 미덕la virtud은 그 작품을 이루어낸 근원에 있다. 사람을 움직이는 무엇, 아름다움은 바로 그것이다.

    이 건축은 하나의 부호un código처럼 보인다. 이곳에 설치된 보

파트리아르카 광장과
비아두투 두 샤, 상파울루.
사진: 넬슨 콘

가 대단한 상징적 가치와 더불어 장소와 관련된 역사적 가치를 가지고 있음은 분명하다. 그 장소를 결정짓고 부각하며, 이끌어내는 것은 바로 그 보다. 한편으로 그것은 기술에 대한 찬미이며, 동시에 분명한 역사적 가치를 지니고 있다. 그리스의 모듈[06]은 버티는 돌들을 통해 주장되었고, 이 조각박물관의 보는 수학적 계산과 콘크리트의 독창성을 통해 자신이 '하나의 단순한 보'라는 것을 드러낸다. 고대 도시의 수도교들los viaductos이 자신의 하중을 이겨내고 더 넓은 경간을 가지려 했던 것을 기억해보라. 하지만 그런 수도교들 역시 이 보에 비하면 그다지 특별할 것이 없는 그저 평범한 것 중 하나로 여겨질 것이다. 60m라는 길이! 그것은 마치 모든 것이 가능하다는 것을 확인시켜주고 있는 것처럼 보인다! 다시 말해 이 부재는 우리가 가진 기술과 자원의 가능성을 드러내보이고 있는 것이다. 이곳에서는 안정감을 찾을 수 없으며, 오히려 모든 것이 움직이고 있다. 팽창을 비롯한 여러 이유들이 특별한 상세들을 만들어냈고, 필연적으로 보는 공간 위에 [배처럼] '둥둥 떠오르게flota' 된다. 한편, 이 건축물은 우리가 면밀히 들여다볼 만한 아주 흥미롭고 중요한 주제를 품고 있다. 그것은 이 건축을 이루어낸 정밀함la precisión에 관한 것이다. 정밀함을 이루지 못했다면 이 건축물은 무너지고 말았을 것이다. 정밀함과 계산, 그리고 작업에 관한 아이디어는 결론적으로 모두 유지되었을까?

우리가 보전해야하는 것은 흔히 되풀이되는 것들이 아니라, 건축의 본질이다. 그것들은 기술적인, 건설-기술적인 속성에서 필수적인 것들이지만, 그것들의 진정한 목적은 우리네 인생이 가진 예측할 수 없음을 품에 보듬어 보전하고자 하는 데 있다.

건축에서 최고의 기술이라는 것은 존재하지 않는다. 사실 그것은 우리의 필요에 의해서만 존재할 뿐이다. 우리는 상징적 관점에서 상당히 진보한 듯 보이는, 최고의 유사 기술pseudotecnologías을 사용하는 것이다. 이것은 부정적인 것이 아니다. 프랭크 게리의 빌바오 구겐하임 미술관이 이를 보여주는 좋은 사례라 할 수 있다. 그 건물은 '모든 것이 가능하다'고 이야기하고 있다. 어떤 건물이 꾸준히 연마되고 탁월한 상징성을 갖춘 언어를 통해 사람의 마음을 움직이는 것은 대단히 흥미롭다. 그것은 예술의 언어이다.

상파울루 시내에 세워진 코팡El Copan 건물은 커피숍, 극장, 영화관을 갖추고 있고, 문화적으로 그 공간은 하나의 도시처럼 설정되었다. 오늘날의 주택이라고 할 수 있는 이 건물에는 5,000명이 거주하고 있다. 이는 그것이 버튼 하나로 창을 열고 닫는 최신 기술로 만들어졌기 때문이 아니다. 최고의 기술과 기법, 그리고 과학의 이념이란 마땅히 필요한 것을 만들 수 있게 해주는 지적 능력이다. 그리고 우리가 눈여겨보아야 할 판단기준은 바로 그것이다. 콜럼버스가 아메리카에 도착한 때를 상상해보자. 누구도 알 필요가 없었지만, 선장만은 그들이 왜 그런 방식으로 항해했는지를 알고 있었다. 범선과 바람, 두 개의 별은 당시 그가 가진 최고의 기술이었다. 기술을 훌륭하게 여기는 것은 전혀 새로운 개념이 아니다.

　　철을 단련하여 말굽이 만들어진다. 그리고 말굽을 통해 말은 인간의 노동을 도와 돌을 캐내는 하나의 도구와 기계, 또 견인하는 힘으로 변한다. 오늘날까지도 '마력'은 원동기에서 발생되는 힘의 단위로 사용된다. 이것은 무척 아름다운 이야기다. 이 전설은 불과 바람을 사용하는 방법을 발견한 우리가 그것으로 훨씬 더 뜨겁고 강한, 그래서 철을 녹이고도 남을 만한 불꽃을 만들 수 있었고, 이를 통해 얻은 굽을 채워, 말을 기계로 탈바꿈시켰다는 이야기를 담고 있다.

　　하지만 그동안 이런 모습들은 건축에서 지나치게 배제되어 왔고, 사람들의 주목을 끌거나 논의의 대상이 되지 못한 채 감추어져 있었다. 이런 모습들이 드러나야 할 것이다. 나는 기술을 통하여 이루어낸 독창성의 가치를 드러내는 데 대단히 관심이 있다. 조각박물관에는 아주 훌륭한 디테일이 있는데, 사실 그것은 온전히 내가 만든 것이라기보다는 — 실제로 그것은 내가 만든 것이 아니다 — 이곳에 사용된 구조체계의 결과로 만들어진 것으로, 눈에 보이지는 않지만 대단히 아름답다. 교량의 익스펜션 조인트에는 탄성체가 사용된다. 이를 언급하는 이유는 이 박물관의 지지체와 거대한 천장 구조물 사이에도 이 탄성체가 사용되었기 때문이다. 그런데 이런 탄성체들은 25년이 지나면 스스로 결정화되면서 효력을 잃게 된다고 한다. 이는 예전에 누구도 예상치 못했으나 최근 관찰되고 있는 사실로, 이와 유사한 구조가 사용된 과거의 구조물들은 조인트를 새로 교체하는 과정에서 많은 문제점을 드러냈다.

　　이 박물관에서는 그런 경험들을 염두에 두고, 이후 탄성체를 교체할 때 지붕 구조물을 임시로 들어올리기 위해 보와 지지체 사이에 잭을 넣을 만한 공간을 처음부터 확보했다. 이것은 대단히 흥미로운 판단이었다. 그로 인해 지붕 구조물과 지지체 사이에 우리가 인식할만한 틈이 생겼기 때문이다. 실제로 이것은 아주 훌륭하게 보였으며, 그 틈으로 지나가는 버스가 보이기도 했다. 탄성체의 실제 높이는 6cm에 불과해 22cm라는 간격은 약간 과장된 것이었다. 상부의 지붕 구조물과 하부의 벽기둥에는 각 한 개씩, 두 개의 꼭지가 설치되었고, 이들은 마치 조인트로 그 틈을 채워주길 기다리는 작은 주두처럼 보였다. 오늘날 잭을 넣기 위한 최소 너비는 18cm이다. 하지만 25년 뒤라면 3cm 너비에도 들어갈 만한 작은 잭이 나올지 모를 일이다. 이런 장래에 대한 배려와 신기술을 상상해보는 것은 매우 즐거운 일이며, 우리의 호기심을 유발한다.

　　과거에는 프리스트레스트 콘크리트에 매립된 케이블의 마찰을 줄이기 위해서 금속판을 사용했고, 오늘날에는 나일론으로 그것을 포장한다. 나일론 섬유를 사용하면서 재료들 간의 마찰이 줄

산업연맹 문화센터, 상파울루.
사진: 넬슨 콘

어들자 프리스트레스트 콘크리트의 사용 연한이 배가되었다. 이것은 기술의 덕이지만, 깊게 보면 그 자체로는 자연에 존재하지 않았으나 이 역시 보이지 않는 자연의 덕이라고 할 수 있다. 우리는 자연의 미덕을 가로채, 가상적인 자연을 재생산해낸다.

FIESP

이 건물은 파울리스타 대로Avenida Paulista에 있다. 상파울루 시민들이 알고 있는 것처럼 이 건물은 원래 레비 사무소의 프로젝트였다. 건축가 히노 레비Rino Levi는 그가 애석하게 사망하기 전, 이 건물의 스케치를 이미 시작했다. 산업연맹은 이 프로젝트의 연구와 자문을 위해 나를 초청했다. 그들에게는 몇 가지 문제가 있었는데, 파울리스타 대로의 확장과 관련하여 이 건물의 로비 부분 전체에 상당한 피해가 예상됐기 때문이다. 건축가의 자문을 구한 것도 그들이 이미 이러한 상황을 인식하고 있었기 때문이었다. 나는 당연히 건축가 호베르투 세르케이라 세사르Roberto Cerqueira César를 찾아갔다. 그는 당시 히노 레비 사무실의 책임자였으며, 아직도 그곳에 근무 하고 있다. 그는 아주 온화하게 이 문제를 연구하기 위해 필요한 모든 편의를 제공했다. 가장 먼저 눈에 들어온 것은 건물과 파울리스타 대로 간의 배치가 좋지 않다는 것이었다. 히노 레비 사무소의 훌륭한 작품이지만, 건물의 배치 문제로 인해 충분히 활용되지 못하게 된 건축 작품을 엄격하게 건축적인 관점에서 다시 연구해보는 것은 대단히 흥미로운 작업이었다. 현재의 상태는 무언가 불만족스럽고 변질된 상태라고 할 수 있었다. 로비는 파울리스타 대로에서 반 층 위에 있었고, 대로에서 반 층 밑에 위치한 아래층은 공교롭게도 그곳에서 보는 시선이 인도와 같은 높이로 맞춰져 있어 흥미롭긴 했지만 지하실처럼 보였다.

건물은 반 층 높은 곳에 출입구를 가졌을 뿐 파울리스타 대로 쪽으로는 닫혀 있었다. 이러한 상황은 정면뿐 아니라 대지 전체에 걸쳐 마찬가지였다. 건물 후면의 알라메다 산토스Alameda Santos 길은 전면의 대로보다 높이가 8~10m 낮았고, 그곳에서도 건물로 진입할 수 있었다. 파울리스타 대로 편으로는 길에서 1.5m 낮은 곳과 1.5m 높은 곳에 각각의 접근로가 있었고, 건물 전체는 지하 주차장부터 최상층까지 모두 운행하는 9개의 엘리베이터를 통해 연결되었다. 사람과 물류가 모두 위쪽 출입구로 집중되었기 때문에 이 시설들은 충분히 활용되지 못하고 있었다.

이 프로젝트는 나를 들뜨게 했다. 본래 이 프로젝트는 건물의 구조를 충분히 활용하고 손상된 동선을 재배치하기 위한 방편을 찾기 위한 것이었다. 하지만 나는 그런 지엽적인 문제의 해결이나 개선을 시도하기 보다는, 이 사안에 대하여 보다 면밀하게 연구할 만한 시간을 달라고 요청했고, 이후 산업협회 자문회의에서 나의 구상을 모형과 함께 설명했다. 그들은 상파울루의 거대한 산업체 출신으로, 자신의 분야에 해당하는 산업기계를 이해하는 것과 마찬가지로 이 건축물이 장차 저절로 갖게 될 유익을 충분히 따져볼 만한 지식과 능력을 가지고 있었다. 현재 이 파울리스타 대로는 지하철까지 연결되어 대단히 많은 유동 인구가 지나며, 여러 사업가와 시민의 손에 의해 명실상부한 역동적인 도시 중심가가 되었다. 이곳에는 마스프, 이타우 문화센터, 영화관, 가제타 재단의 명문 학교, 파스퇴르 연구소, 시케이라 캄포스 공원과 같은 시설들이 들어섰다. 어떤 대로가 도시의 생산력과 창조력을 과시하며 빛을 내는 것은 아메리카 도시들이 가진 특징이다.

건물의 동선은 전체적으로 다시 계획되었다. 물론 철골구조로 증축한 부분이 있긴 하지만 프로젝트의 목표는 대부분 짓는 것이 아니라, 잘못 놓이거나 제대로 활용되지 못하던 부분을 걷어내고 그 공간을 재구성하는 것을 통해 이뤄졌다. 당시 엘리베이터는 제대로 활용되지 못하고 있는 상태였다. 같은 기계라도 잘 이용되거나 그렇지 못할 수 있다. 이런 엘리베이터가 가진 큰 장점은 파울리스타 대로와 알라메다 산토스 길처럼 높이차가 있는 곳에서 [어디로 들어가건] 모든 층을 다 연결해준다는 점이다.

그래서 처음 떠올린 것은 집배원들이 경사로를 타고 내려가 알라메다 산토스 길 쪽의 저층 로비를 이용하게 하자는 것이었다. 그들은 그쪽 엘리베이터를 이용하여 우편물을 쉽고 빠르게 전할 수 있었고, 작업이 용이하도록 물건을 내릴 때 잠시 이용할 정차 공간도 한켠에 마련했다. 화랑은 도서관 위편에 놓기로 정했기에, 그곳에 있던 바닥을 걷어냈다. 도서관과 화랑이 길에서 보이지 않는 지하에 배치된 것은 그런 공공적인 시설에 적당하지 않았기 때문이었다.

엔지니어 이사벡 쿠르쟌Izabec Kurkdjean과 함께 건물을 둘러본

산업연맹 문화센터, 상파울루.
사진: 엘리오 피뇬

후, 내가 떠올린 것들이 가능할지 심도 있는 대화를 나누었다. 그리고는 육중한 철근콘크리트 구조를 자를 수 있는 톱, 레이저 광선을 이용한 톱 등 흥미롭기 그지없는 최신 기계를 이용하여 건물의 상당 부분을 기존과는 다른 방식으로 뜯어내기 시작했다. 가장 먼저 철거한 것은 파울리스타 대로 편의 반 층 높은 바닥으로, 건물의 상하층 공간을 대로에서 모두 볼 수 있게 하기 위해서였다. 이로써 도시의 잠재력을 대표하는 강렬한 시각적 인상을 가진 건물이 파울리스타 대로에 새롭게 안착하게 되었다.

그 건물과 더불어 그곳에 있던 화랑과 도서관, 뒤편의 극장이 제 기능을 찾았다. 위층으로 옮겨진 화랑과 아래층의 도서관, 뒤편의 극장은 처음으로 시민들의 눈 앞에 드러났다. 거대한 부재들, 60cm의 높이 15m의 길이를 가진 거대한 더블 'T'형의 보가 드러난 천장, 그리고 기존 건물의 본래 기둥인 철근콘크리트 구조체에 기생하는 형태로 설치된 그 장치는 이곳에 전혀 새로운 공간성을 부여했다. 새로운 요소들은 거대한 빈 공간 앞에 도열한 기존 벽기둥에 매달렸다. 대단히 흥미로운 이 구조물은 그렇게 만들어졌다. 철골구조가 만들어낸 공간성은 길이뿐 아니라, 그 구조물이 그런 방식으로 지지될 만큼 가볍다는 점에서 놀라움을 자아낸다. 게다가 이 공간성은 도시에서 살아가는 우리에게 언제나 일반적으로 요구되는 개조와 변형 문제를 다루면서 통합이라는 효과를 더욱 높일 수 있었다. 이 프로젝트는 적절한 기술을 요구하는 시의적절한 변형이었고, 결과는 매우 훌륭했다.

우리는 극장으로 연결된 로비로 사용될 아주 흥미로운 통로를 만들었다. 통로는 기존 건물에 붙어 극장과 화랑, 도서관 간의 자율성과 독립성을 적절히 조율해냈다.

어떤 의미에서 지하철 공사 같은 대규모 공사들은 이런 방식으로 우리가 사는 도시에 개입하곤 하며, 그로 인해 본래 그곳이 가지고 있던 좋은 가치가 훼손되는 경우는 헤아릴 수 없이 많다. 나는 이 프로젝트가 파울리스타 대로변에 있는 건축물들이 어떻게 되어야 할지를 판단하는 하나의 모범이 될 것이라고 생각했다.

이런 면에서 산업연맹에서의 작업은 대단히 중요했고, 나는 이 작업에 나의 열정을 바쳤다. 하지만 우리는 다른 건축가—이 경우엔 히노 레비—의 건물에 자신의 이름을 붙이는 것이 사실 그다지 즐거운 일이 아니라는 것을 잘 알고 있기에, 이런 생각은 한편 역설적으로 보이기도 한다.

이 프로젝트에서는 상호간의 소통이 과제였고, 다양한 기능의 공존이 건축의 근본적인 주제였다. 나는 건물 아랫부분의 분해에 도전했는데, 이는 기술적인 관점에서 매우 흥미로운 작업이었다. 어떤 공간에 새로운 가치를 창출하기 위해 그곳의 바닥과 벽, 혹은 그 밖의 구조물을 섬세하게 철거하는 것은 우리에게 그다지 익숙하지 않은 기술이다.

타워는 기존에 설정된 측면 경계를 유지해야 했기에, 신축과 공간 확장은 법규상 대지 경계까지 확장이 허락된 지상층의 측면에 집중되었다. 확장된 부분은 다른 구조와 섬세하게 하나를 이룬 철골구조를 통해 구현되었다. 이 과정은 새로운 것이 기존의 것을 덮어씌우는 방식이 아니라, 마치 끼워넣는 방식처럼 만들어졌다. 기생하는 구조물을 수용할 만한 능력이 있음을 뽐내는 것. 그것은 철근콘크리트 구조물이 가진 굳건함과 기술적인 면모를 자랑하는 진정한 액세서리였다. 이유를 정확하게 알 수는 없었지만 다른 것에 기생하는 구조물에 관한 아이디어는 왠지 나를 열광하게 만들었다.

가장 육중한 것과 가장 가벼운 것의 대립. 이는 선과 기하학으로 이루어진 철골구조와 거대한 각기둥으로 구성된 철근콘크리트구조라는 선명한 구조체계들이 하나를 이룬 것이다. 히노 레비가 만든 타워의 구조는 기둥 숫자를 줄이고 각 기둥에 큰 하중을 집중하는 성격을 갖고 있었기에, 합리적인 수준의 추가 하중 정도는 별 무리 없이 수용할 만한 막대한 성능을 가진 기둥들로 이루어져 있었다. 새로 추가되는 부분의 모듈과 공간은 허용된 추가 하중의 범위 안에서 건축되었다. 그리고 이것은 건축에서 그리도 중요한 양적인 문제를 제기했다. 우리는 얼마만큼의 공간과 하중, 힘을 사용할 수 있는가?

이런 양적 개념은 흥미롭다. 건축적 상식을 통해 우리는 건축을 언제나 미터로 환산된 치수, 거리, 길이, 높이 같은 공간의 차원으로 생각하게 된다는 것을 잘 알고 있다. 하지만 엄연히 힘에 관련된 역학적 차원의 문제 즉, 지반과 하중, 구조물의 성향에 관한 판단들이 존재한다. 굳건한 구조에 기생하는 다른 구조, 철근콘크리트 구조물, 주물과 앵커, 그리고 다른 가벼운 기생 구조물에 관한 아이디어, 이런 것들에 대한 관심은 바로 이 지점에서 생겨났다.

1957년 지어진 파울리스타노 클럽 체육관 역시 그런 아이디어에 기초하고 있다. 이 체육관은 탈의실과 지하 시설을 담은 콘크리트 구조물 위에, 그곳에 지붕을 씌우는 철제 구조물이 고정 지지되는 아주 특별한 디자인으로 만들어졌다. 나는 이따금 교량이나 아주 오래된 고전 구조물들에서 이런 다양한 형태와 재료들이 서로 하나로 어우러지는 것을 확인하곤 했다. 팔라디오는 다리를 만들 때 물과 닿는 부분은 석재 교각으로 만들었지만 그 위쪽은 나무와 세라믹, 그 밖의 가벼운 재료들로 경쾌하고 유동적이며, 활기 있게 변형시키곤 했다. 이런 개념은 이미 콰트로첸토 다리에서도 등장했던 것이다.

오사카 박람회의 브라질 파빌리온 즉, 매우 강력한 상징적 의미가 필연적으로 요구되는 건축물을 만들면서 나는 지붕이 가진 신화적인 의미를 다시 한 번 각인시키는 것을 상상했다. 언제나 지붕은 우리에게 매우 중요한 의미를 가지고 있었다. 이는 분명 유럽의 전통에서 이어져 왔을 것이다. 지붕을 올리는 축제 중에

상파울루 주립 미술관, 상파울루.
사진: 넬슨 콘

인부들에게 연회를 베풀고 천장에 나뭇가지를 하나 올렸는데, 대부분의 경우 그것은 올리브 가지였다. 베르니니의 큐폴라든 천으로 만든 농막이든 지붕은 건축의 근본 요소다. 대지 위에 지붕을 펴는 행위는 그곳을 인간에 의해 틀이 잡히고 설정된 인간적인 공간으로 만든다. 하지만 내가 이런 주제에 지나치게 골몰했던 것은 아니다. 그것은 거의 무의식적인 행위였다고 생각하는 편이 나을 것이다. 나는 머릿속에 있던 아이디어를 동원했지만, 그것이 구체화되기까지는 이를 판단하려 하지 않았다.

원초적이며 훌륭한 지붕, 숭고한 의미를 갖는 상징적인 지붕을 상상했고, 그러다 빌라노바 아르티가스Vilanova Artigas가 만든 상파울루 대학 건축도시과 건물의 지붕을 떠올리게 되었다. 철근콘크리트로 만들어진 그 지붕은 유리가 덮인 정사각형 천창들이 무수히 반복되며 만들어졌다. 나 역시 이곳에 유리판을 도입하려 했고, 평범한 창이나 입면이 아닌 지붕에 사용하는 것을 상상했다. 유리로 만든 파빌리온은 인류의 오래된 꿈이었다. 루브르에 있는 피라미드는 새로운 카이로의 피라미드이며, 흥미로운 고찰로부터 형성된 하나의 결정체다.

상파울루 대학 건축도시과 건물의 지붕을 다른 곳으로 옮기는 것은 아주 재미난 작업이었다. 내가 이 지붕을 그대로 들어올려, 어떤 곳에 구비된 다른 구조물 위에 그대로 놓을 수 있다면 그 또한 아주 흥미로울 것 같았다. 그 뒤에는 이 지붕이 단 4개의 지점에 지지되어 놓여있는 장면을 상상했다. 마주 놓인 두 개의 보에 지지된 구조물, 그 보는 중앙을 비우고 양단에서 균형을 잡은 원시적인 것이었다. 다시 말해 나는 그 지붕을 가장 평범하고 일상적인 보 위에 놓는 것을 떠올렸다.

그중 두 개의 지지물을 실제 그곳에는 없었던 어떤 언덕으로 대체하는 데 아무런 거리낌이 없었다. 처음에 나는 대지에 보를 설치하고 그 위에 상파울루 건축도시과 건물의 지붕을 설치하려 했다. 하지만 대지에 그것을 세우는 것만으로는 무언가 부족하다는 느낌을 지울 수가 없었다. 이 모든 것에는 하나의 장소를 건축한다는 것, 그리고 도시라는 개념에 대한 존중이 결핍되어 있었다. 나에게는 그 대지를 변형시킬 만한 무엇이 필요했다. 두 개의 지지체를 없애고 낮은 언덕으로 그것들을 대체한 것은 그런 이유였다. 그리고 그것을 연출하던 중에 교차된 두 개의 아치가 도시를 연상시킬 수 있으리라는 생각을 하게 되었다. 산마르코 광장, 그곳에 아치가 있다. 아치는 돌이 쪼개지는 것에 대한 기하학적 정복이며, [그것 역시] 시원의 건축이다.

스톤헨지Stonehenge에는 아직 아치가 없었다. 그곳에 있었던 것은 아치에 대한 꿈이었다. 이후 로마인이 아치를 떠올렸고, 아치가 불러온 혁명의 결과로 곧이어 큐폴라가 정의되었다. 로마 큐폴라는 결국 아치에서 시작된 혁명이 불러온 하나의 모습에 불과했다. 이 건설 방식의 성공은 [인장력에 의해 돌이 쪼개지는] 어려움에 맞서 이를 바르게 해결한 것과, 사람들이 도시를 대표하는 대단히 의미 있는 부재로 아치를 떠올리게 된 것에 기인했다. 지금 우리는 이 파빌리온을 기념하며 그와 같은 이유에서 그곳을 '커피 광장plaza del café'이라고 부른다.

 오사카 파빌리온에서 주목할 만한 다른 부분은 중앙을 비우고 양단에서 균형을 잡은 '원시적인 보'일 것이다. 이 파빌리온에서 그것은 머릿속에 엄격한 상태로 그려졌다. 이 건설 방식을 이루어낸 논리는 우리로 하여금 그것이 이런 하중을 받기에 적당한 것이라고 여기게 하며, 이는 평행한 다른 보에도 마찬가지로 적용될 것이다. 하지만 나는 이것들이 똑같아야 한다는 생각에는 동의하지 않았다. 두 개의 보를 서로 다르게 디자인한 것은 —음악과 시, 구어와 문어에서의 문제와 마찬가지로— 기술이 그것을 뚜렷이 강압하는 중에서도 나름의 자유를 드러내고자 하는 목적에서였다. 그로 인해 지지 관계는 틀어지겠지만, 구조 계산에는 언제나 한 쪽을 강조하거나, 어떤 한계 안에서라면 중앙 빈 부분의 간격을 줄일 만한 융통성이 있다. 결국 그것은 마치 자연의 세 조각을 집어 그곳에 놓은 듯 만들어졌다. 이는 곧 파편화된 자연이며, 그것이 수학적 논리와 철근콘크리트를 통해 재구축된 것이다. 실은 철골구조도 그 시작은 광산[즉, 자연]이었다.

 이와 같이 우리의 지성에 관한 논의에 빠져보는 것도 좋을 것이다. 교만하게 말하는 것이 아니다. 이는 우리가 그것을 통해 무언가를 얻을 수 있다는 것과, 모든 건축 역사가 그렇게 이루어 음직하다는 것을 말하려는 것이며, 내가 그곳에 건축했던 대상이 지녔던 아름다운 부분이 바로 이런 것이다. 나의 고민은 이런 방향으로 흘러갔다.

 건축 역사를 통한 경험과 관련하여 오사카 파빌리온에서 우리가 같이 생각해볼 만한 문제는 결국 이 모든 것도 프로그램이 가진 지루한 부분들을 해결해주는 것은 아니라는 점이다. 파빌리온에는 브라질 은행과 외무부, 행정 관료를 위한 공간이 필요했고, 나는 그것들을 별관anexo으로 덧붙여 설치하면 흥미로울 것이라는 생각에 이르렀다. 건축 역사를 통한 경험 중에 덧붙여진 건축에 관한 부분이 나에게는 대단히 시적으로 다가왔기 때문이다. 건축물을 디자인할 때는 그 건축물을 떠나, 혹은 —비록 시각적일 뿐이라 해도— 그 외부를 향하여 그것을 머릿속에 그려봐야 한다. 우리는 언제나 '타인'을 본다. 덧붙여진 건축의 개념이 그리도 중요한 이유는 그것이 하나가 둘로 나뉜 것이기 때문이다. 그리고 이제 그가 바라보는 타인은 바로 그 자신이다. 덧붙여진 건축이란 마치 이미 자신의 대화상대를 갖고 있는 사람과 같다. 이미 대성당이나, 수많은 형식을 갖춘 궁전들의 중심 공간에서 보았듯 덧붙여진 건축이 갖는 형상에는 어떤 특별한 매력이 있다.

 그것이 어떻게 어우러질지 상상해보았다. 우리 눈높이에 해당하는 1.5m 가량 땅에 묻힌 채, 유리창은 대지에 맞닿았을 테

마리오 마세티 주택.
사진: 넬슨 콘

고, 그 너머로 땅이 그려내는 지평선에 놓인 파빌리온이 보이는 장면은 아주 훌륭히 어우러졌다. 그곳은 브라질 은행과 커피숍, 무역부와 외무부의 공간이기 때문에 건물은 여러 엄폐물로 흥미롭게 가려졌고, 출입은 측면 경사로와 그와 비슷한 방식으로 풀어냈다. 다른 한편 1.5m 묻히게 된 파빌리온의 볼륨은 전혀 부담이 없을 뿐 아니라, 내부에서 반대편의 형태를 흥미롭게 응시하도록 만들었다. 우리가 파빌리온의 창을 통해 보는 것은 브라질 파빌리온이었다. 어쩌면 그곳은 온전히 일본이라기보다는 어떤 부분, 바로 우리 자신이었다.

03 1966년 상파울루에 지어진 오스카 니마이어(Oscar Niemeyer, 1907–2012)의 건축물이다. 38층에 달하는 초대형 주거 빌딩으로, 당시 브라질에서 가장 높은 건축물 중 하나였다.
04 멘지스 다 호샤는 이 디자인으로 동일한 주택 두 채를 동시에 지었다.
05 viga. 원어 그대로 '보'로 번역했다. 박물관 외부 아트리움을 구성하는 공중에 띄워진 '넓은 지붕'을 가리킨다.
06 그리스의 모듈은 가구식 구조 즉, 기둥과 보의 형식을 띄고 있다. 이는 돌이라는 재료의 성격에 반하는 것이지만, 그 모듈은 돌이 그 힘을 버텨내면서 이루어낸 것이다. 멘지스 다 호샤는 엔타블러처와 이 박물관의 보를 비교하고 있다.

작가 소개

파울루 아르시아스 멘지스 다 호샤는 1928년 브라질 에스피리토 산토 주에 있는 비토리아에서 태어났다. 1954년 상파울루 멕켄지 대학 건축도시과에서 건축사 자격을 취득했고, 1959년부터 빌라노바 아르티가스Vilanova Artigas의 초청으로 상파울루 대학에서 설계를 가르쳤다. 그는 현재 대학 강의와 사무소를 통한 설계 실무를 병행하고 있으며, 최근에는 다른 건축사무소들과도 협업하고 있다.

그는 다수의 브라질 공공 현상설계에서 당선됐으며, 주요 작품으로는 산타 카차리나 주의 법원, 파울리스타노 육상 경기장과 주변 조성사업, 고이아스 주의 하키 클럽, 1970년 오사카 세계박람회에 세워진 브라질 파빌리온, 브라질 국립조각박물관 등을 꼽을 수 있고, 파리 퐁피두 문화센터 설계경기에 참가하여 입상한 바 있다. 그는 대학과 건축 실무에서 자신이 보여주었던 왕성한 활동들을 국내외 무수한 대학에서 강의했고, 상파울루 국제 비엔날레(1961, 1968, 1988), 제5회 하바나 비엔날레(1994), 카셀 도쿠멘타(1997), A.A. School(London, 1998), 제1회 이베로 아메리카 건축토목 박람회(1998), 베니스 비엔날레(2000) 등 다양한 국제 박람회에 출품했다.

2000년에는 상파울루 주에 있는 피나코테카Pinacoteca 미술관 복원 프로젝트로 라틴 아메리카에 주는 '미스 반 데어 로에 상'을 받았고, 이듬해 브라질 조각박물관MuBE으로 다시 한 번 같은 상을 수상했다. 2006년 그는 건축계 최고 권위의 '프리츠커 건축상'을 수상했다.

46

작품 소개

주요 작품 Obras seleccionadas

- 부탄탕 주택 Casa en Butantã (1964)

  주소: Praça Monteiro Lobato, 100, São Paulo

- 포르마 가구점 Tienda Forma (1987)

  주소: Avenida Cidade Jardim, 924, São Paulo

- 브라질 조각 박물관(MuBE) Museo Brasileiro de Escultura (1987)

  주소: Avenida Europa esq. Rua Alemanha, São Paulo

- 산업연맹 문화센터 Centro Cultural FIESP (1996)

  주소: Avenida Paulista, 1313, São Paulo

그 밖의 작품과 프로젝트 Otras obras y proyectos

- 파울리스타노 육상 클럽 Gimnasio del Clube Atlético Paulistano (1958), São Paulo
- 제징유 마갈량스 프라도 주택단지 Conjunto de viviendas "Zezinho Magalhães Prado" (1968), 과룰류스 Guarulhos, 협업: 파울루 멘지스 다 호샤, 파비오 펜찌아두 Fábio Penteado, 빌라노바 아르티가스 Vilanova Artigas
- 1970년 오사카 엑스포 브라질관 Pabellón de Brasil en la Expo 70 (1969), Osaka, Japão
- 페르난도 밀랑 주택 Casa Fernando Millan (1970), São Paulo
- 마토 그로쑤 호텔 Hotel en Mato Grosso (1971), Poxoréu
- 퐁피두 센터 Centro Cultural Georges Pompidou (1971), Paris, Francia
- 현대 예술 박물관(설계경기) Museo de Arte Contemporáneo. MAC/USP (1975), São Paulo
- 찌에테 도시계획(계획안) Cidade Porto Fluvial Tietê (1980), São Paulo
- 자라과 집합주거 Edificio de viviendas Jaraguá (1984), São Paulo
- 의자 Sillas (1958/1985)
- 알렉산드리아 도서관 Biblioteca en Alexandria (1988), Concurso Internacional, 알렉산드리아, 이집트
- 안토니오 지라씨 주택 Casa Antônio Gerassi (1989), São Paulo
- 파트리아르카 광장과 비아두투 두 샤 Praça Patriarca y Viaducto do Chá (1992), 상파울루
- 몬테비데오만 계획 Bahía de Montevideo (1998), Montevideo, Uruguay

1964

Praça Monteiro Lobato,
100,
São Paulo

부탄탕 주택 Casa en Butantã

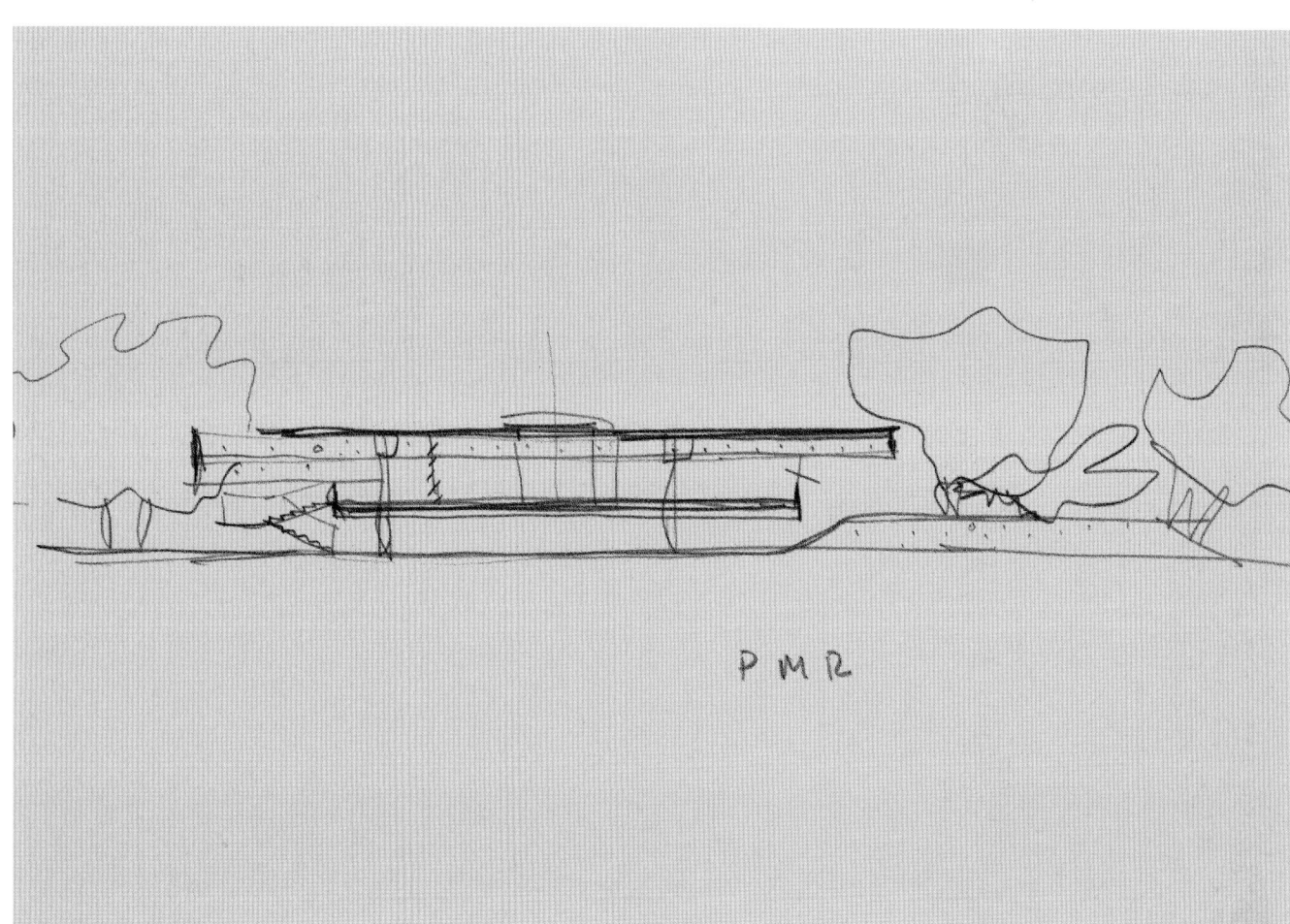

엘리오 피뇬

엘리오 피뇬

엘리오 피뇬

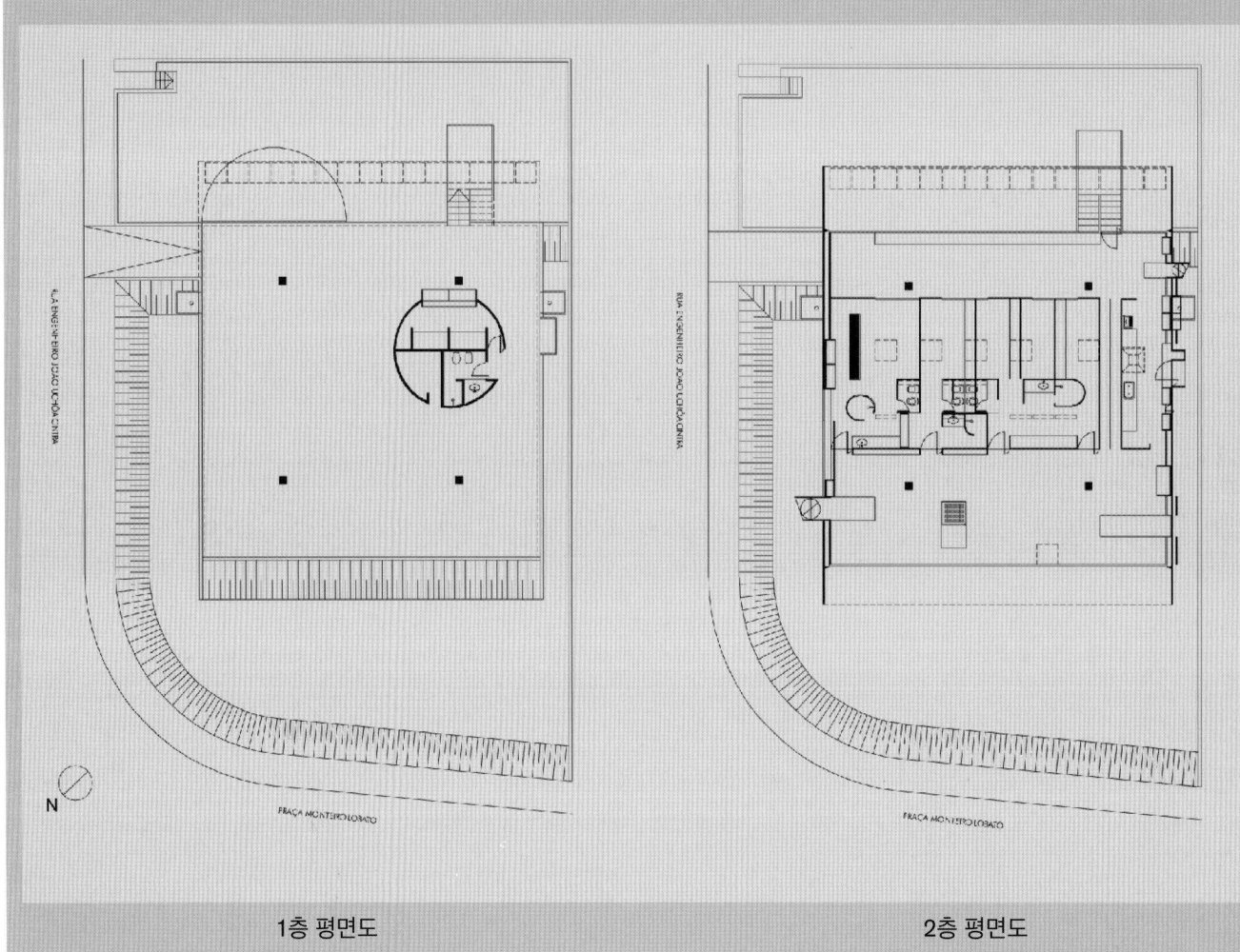

1층 평면도 | 2층 평면도

엘리오 피뇬

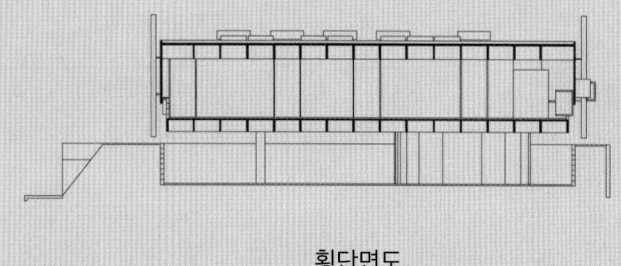

횡단면도

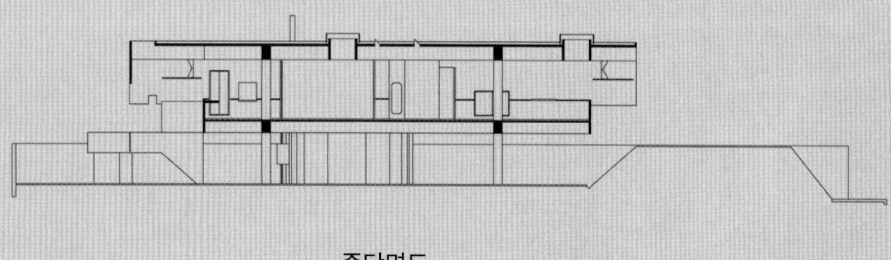

종단면도

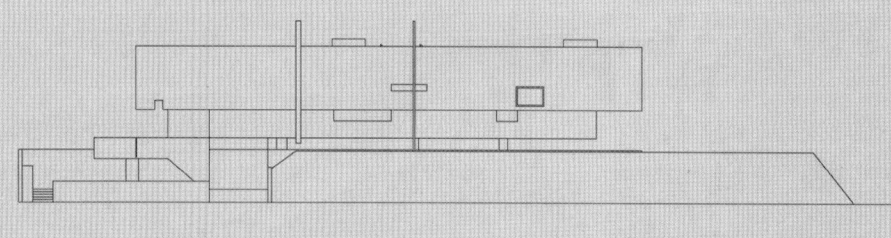

동측 입면도

엘리오 피뇬

엘리오 피뇬

엘리오 피뇬

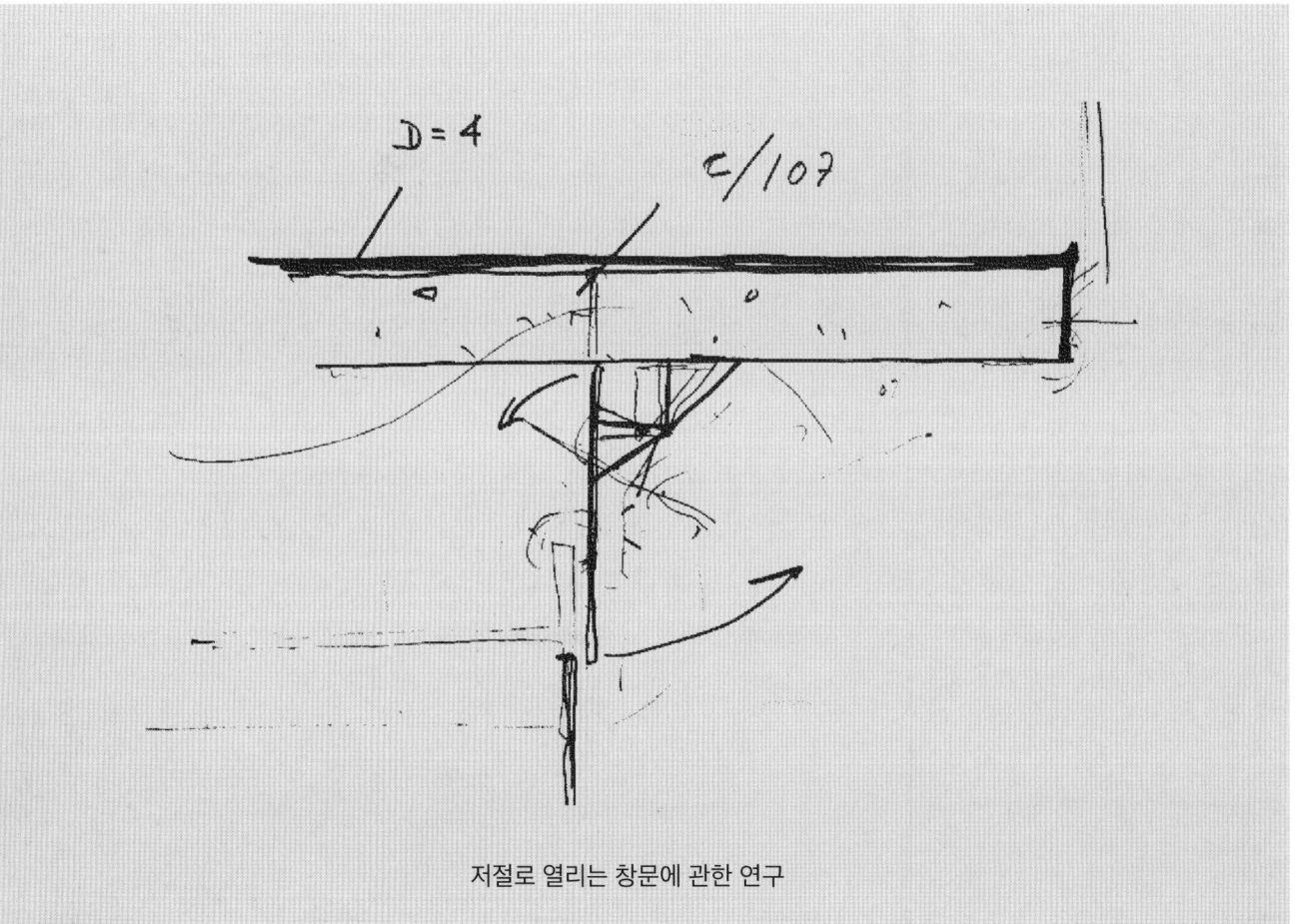

저절로 열리는 창문에 관한 연구

엘리오 피논

엘리오 피논

엘리오 피뇬

엘리오 피뇬

엘리오 피뇬

엘리오 피논

엘리오 피뇬

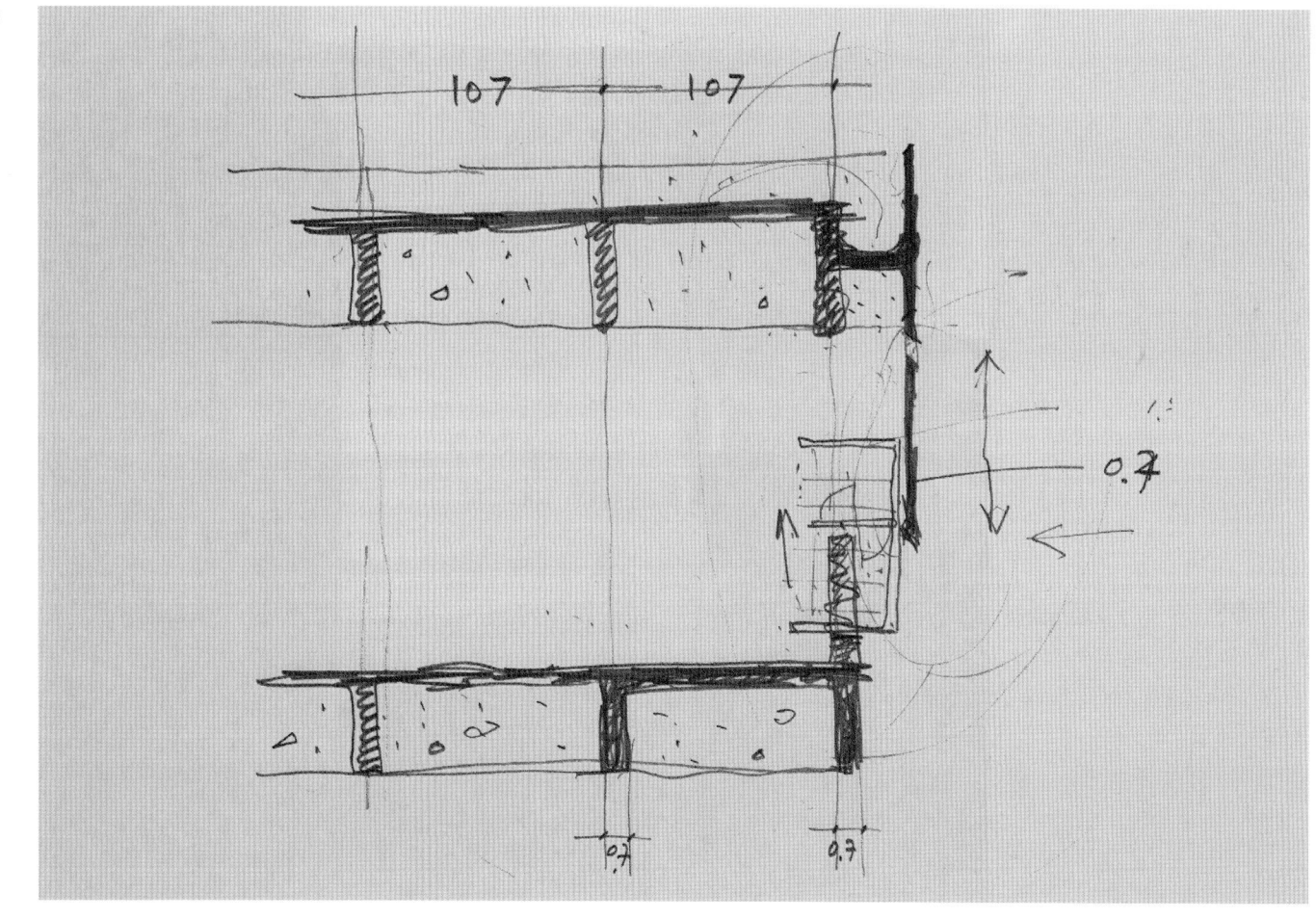

엘리오 피뇬

엘리오 피논

엘리오 피논

엘리오 피뇬

엘리오 피뇬

엘리오 피뇬

엘리오 피논

1964

Avenida Cidade Jardim, 924
São Paulo

포르마 가구점 Tienda Forma

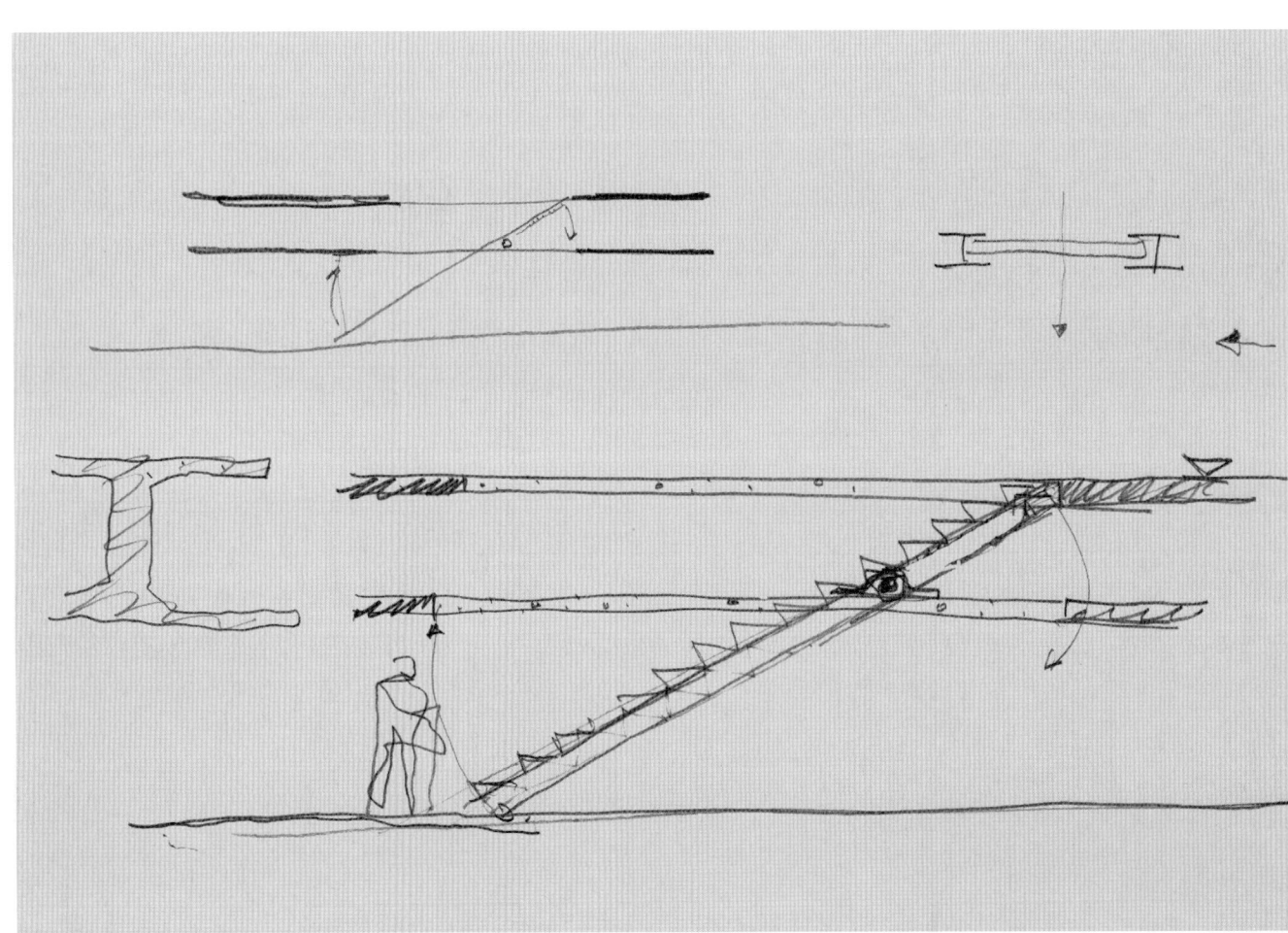

넬슨 콘

1층 평면도

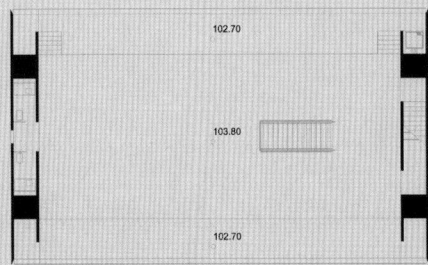

2층 평면도

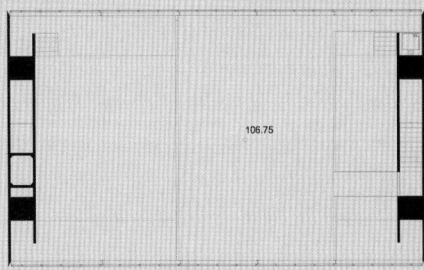

3층 평면도

엘리오 피뇬

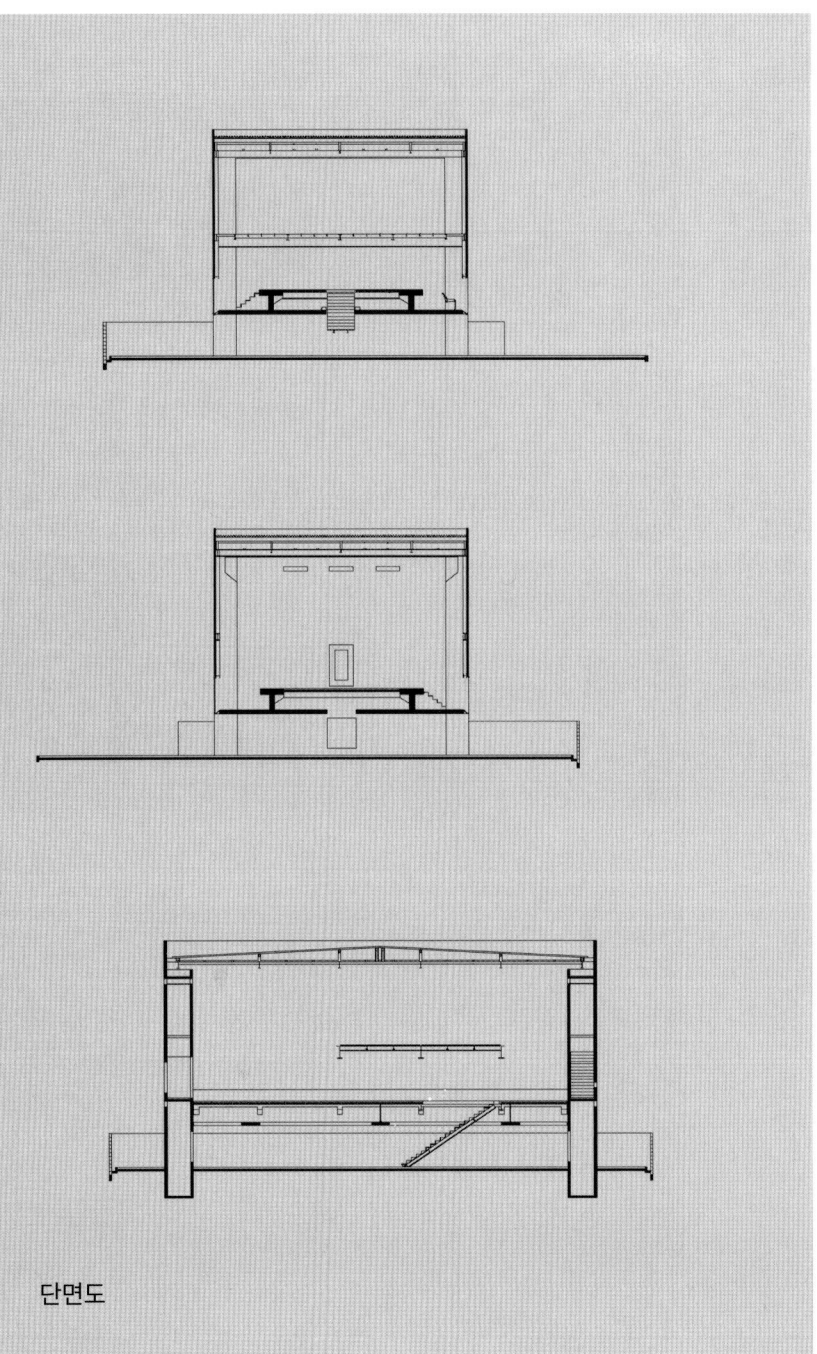

단면도

넬슨 콘

엘리오 피뇬

엘리오 피뇬

엘리오 피뇬

엘리오 피뇬

84

넬슨 콘

엘리오 피뇬

엘리오 피뇬

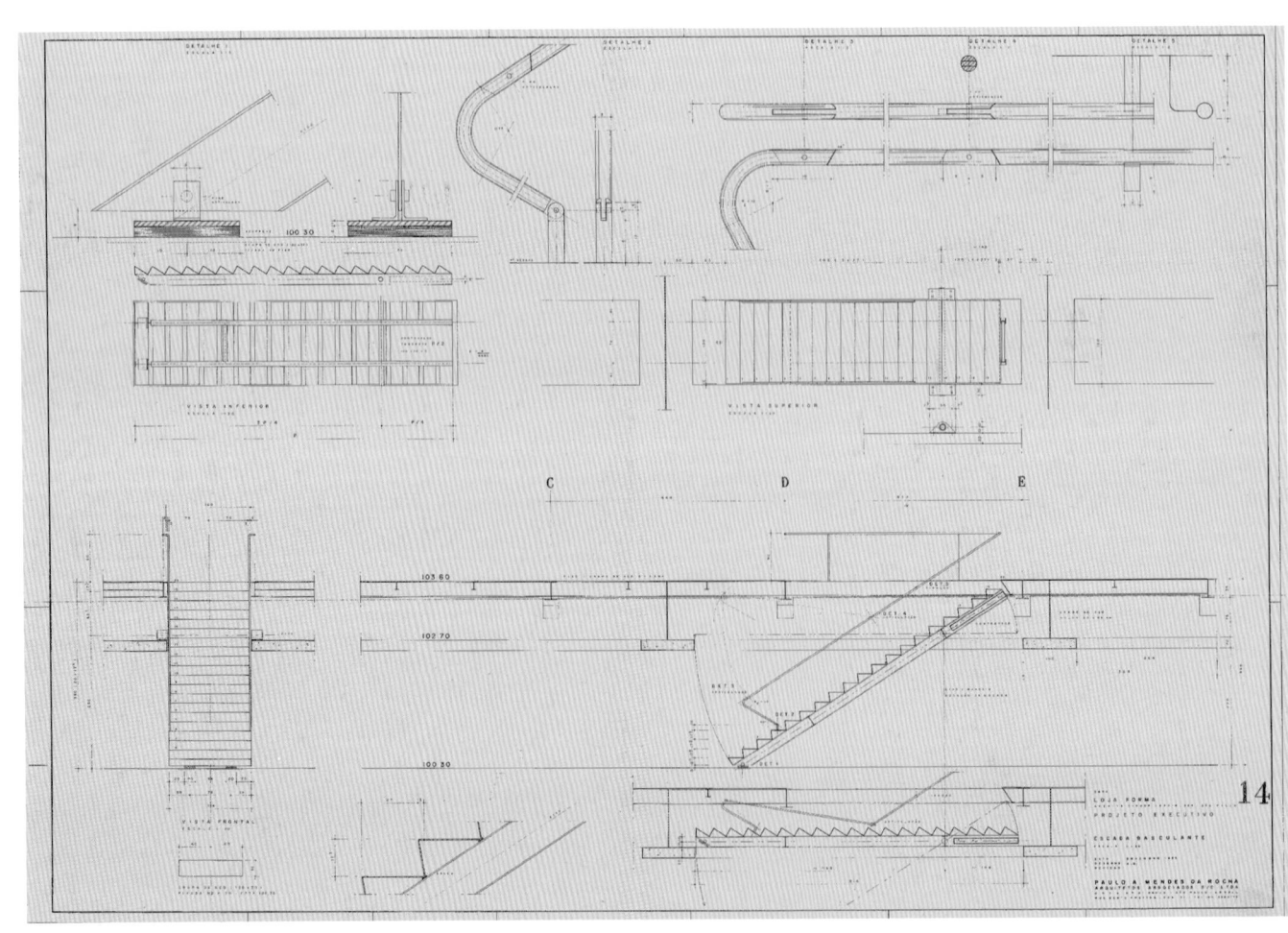

엘리오 피논

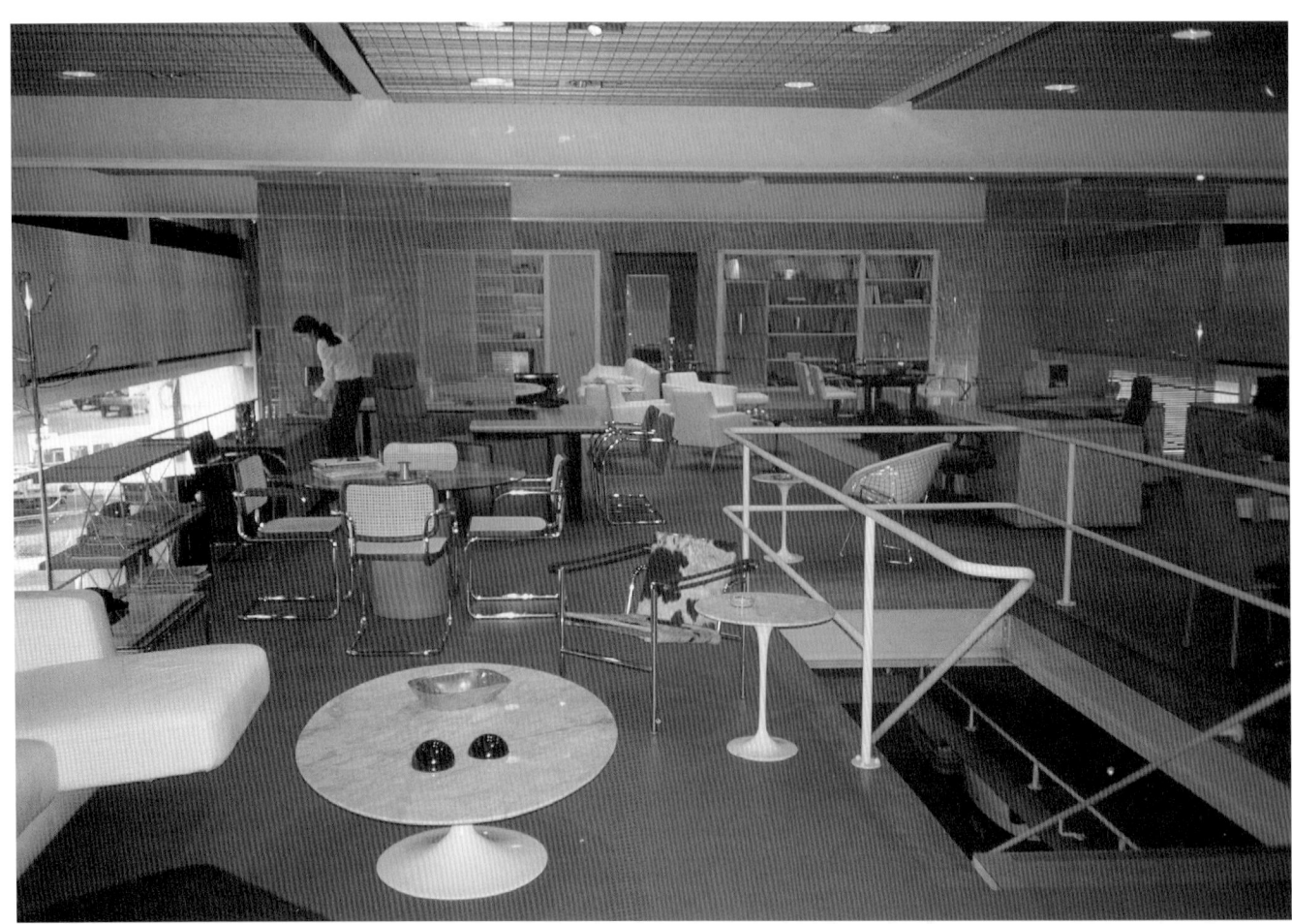

엘리오 피논

엘리오 피논

엘리오 피뇬

엘리오 피뇬

엘리오 피뇬

엘리오 피뇬

엘리오 피뇬

엘리오 피논

엘리오 피뇬

엘리오 피논

1987–1995

Avenida Europa
esq. rua Alemanha
São Paulo

브라질 조각 박물관 Museo Brasileiro de Escultura(MuBE)

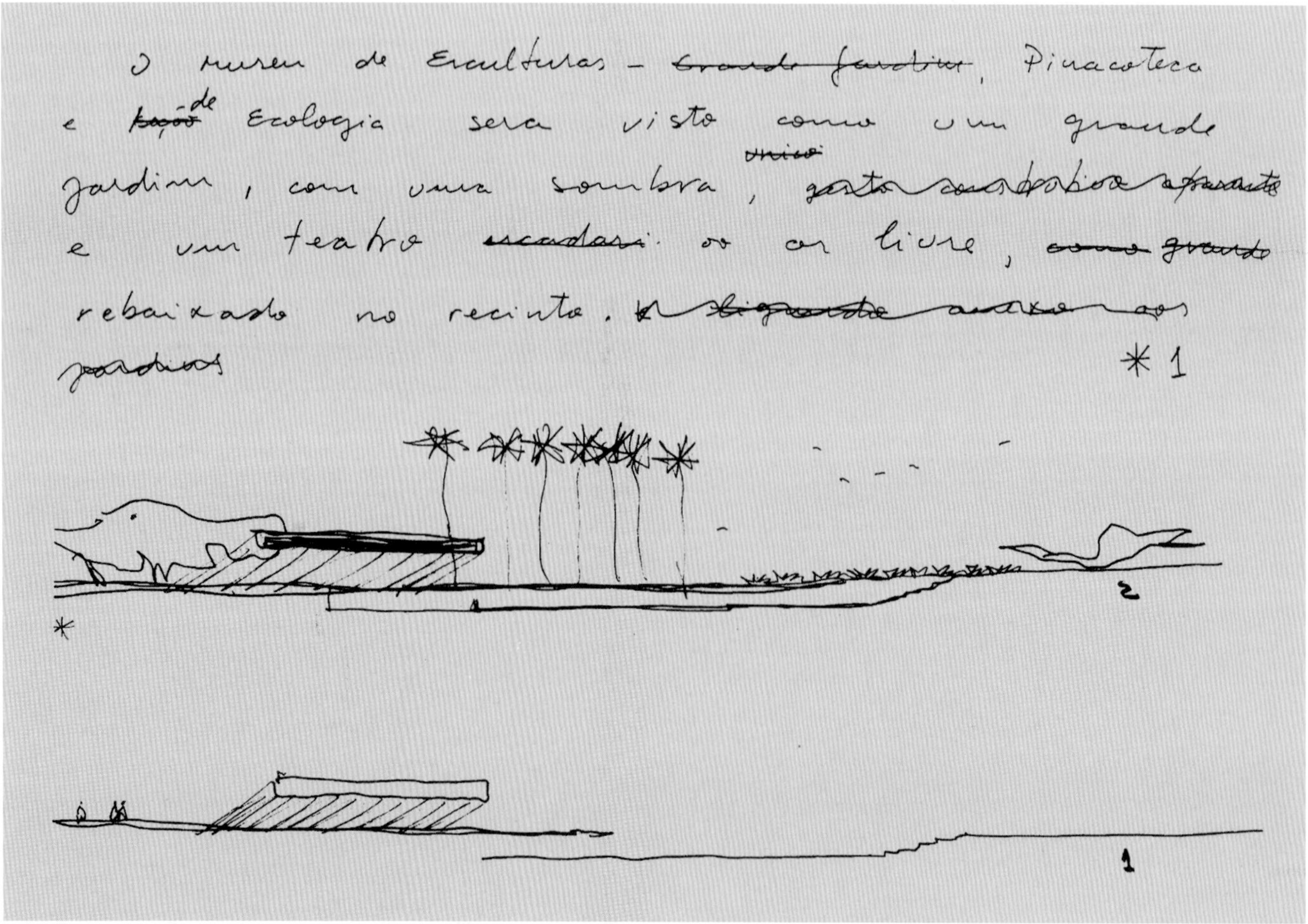

엘리오 피논

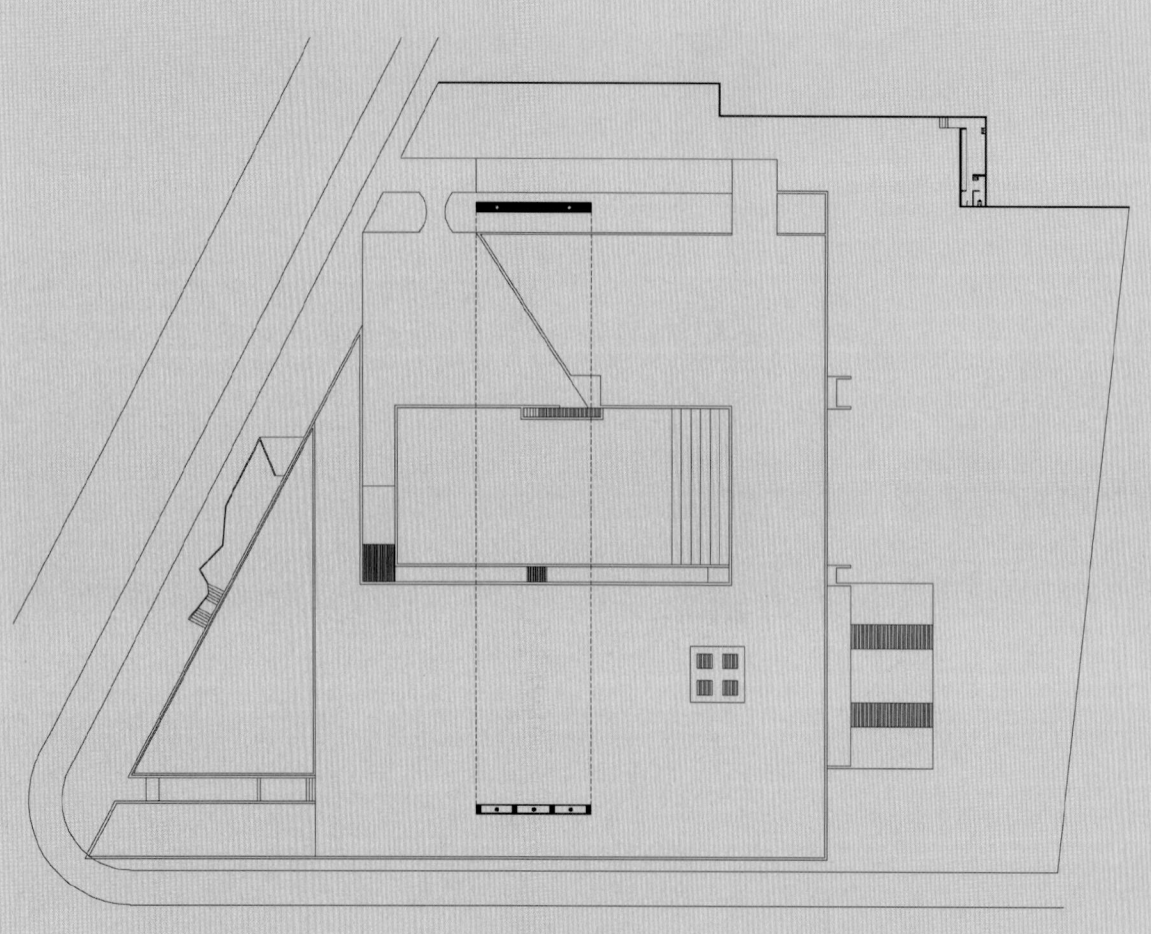

배치도

엘리오 피뇬

엘리오 피논

엘리오 피뇬

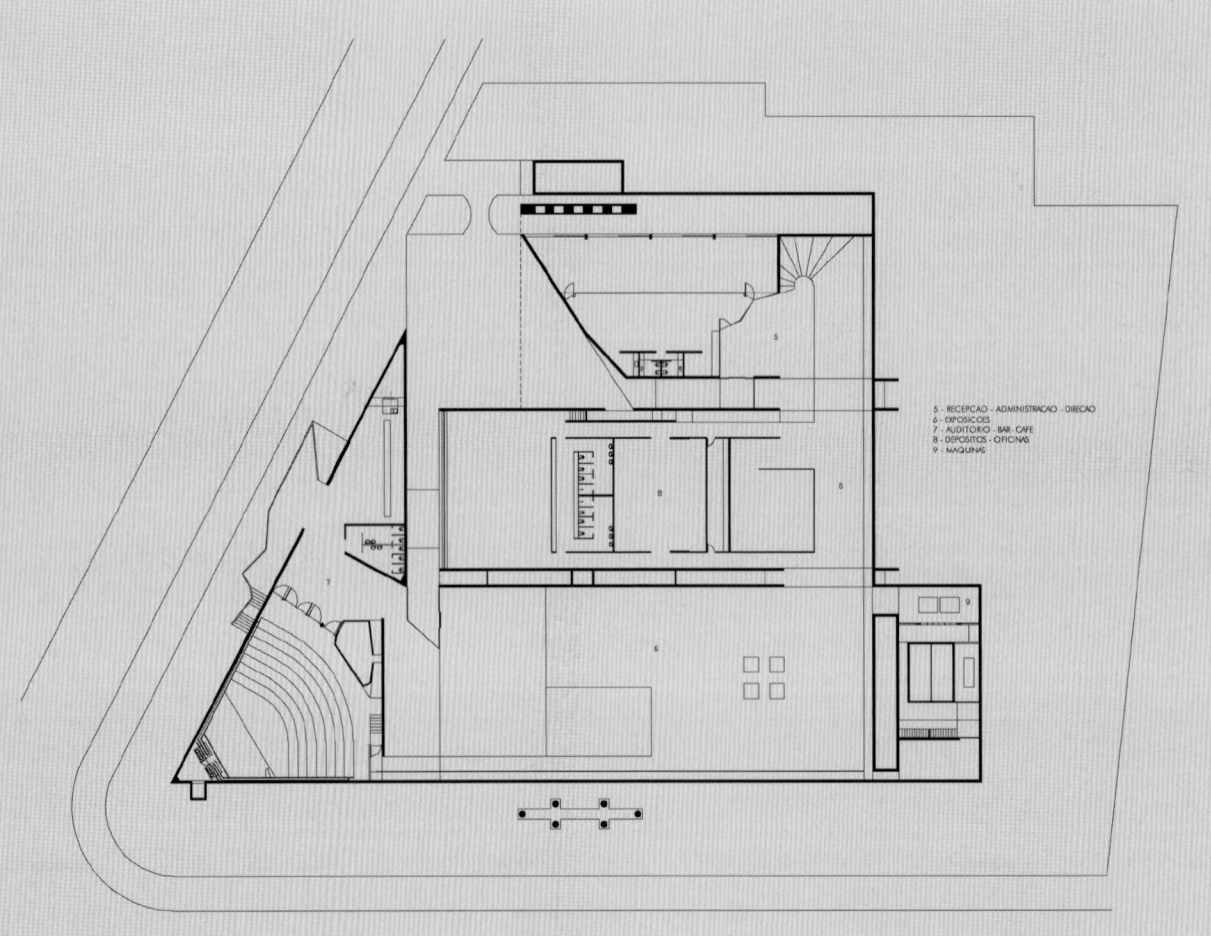

박물관 평면도

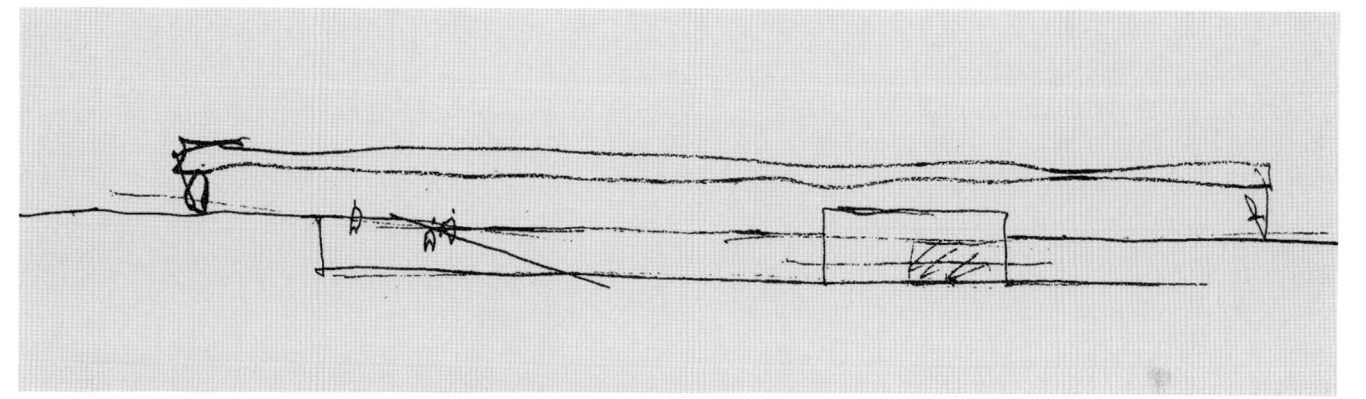

엘리오 피뇬

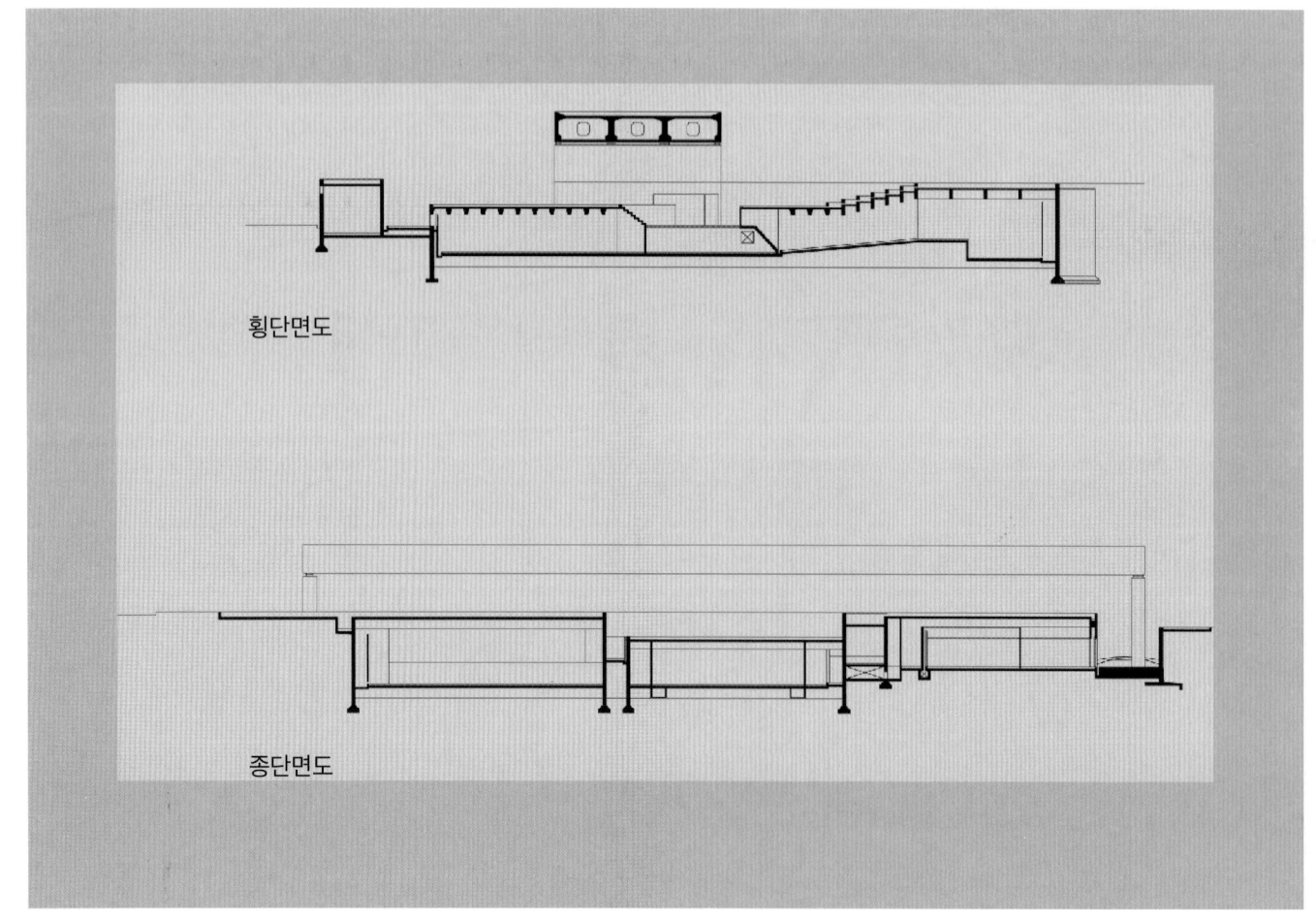

횡단면도

종단면도

엘리오 피뇬

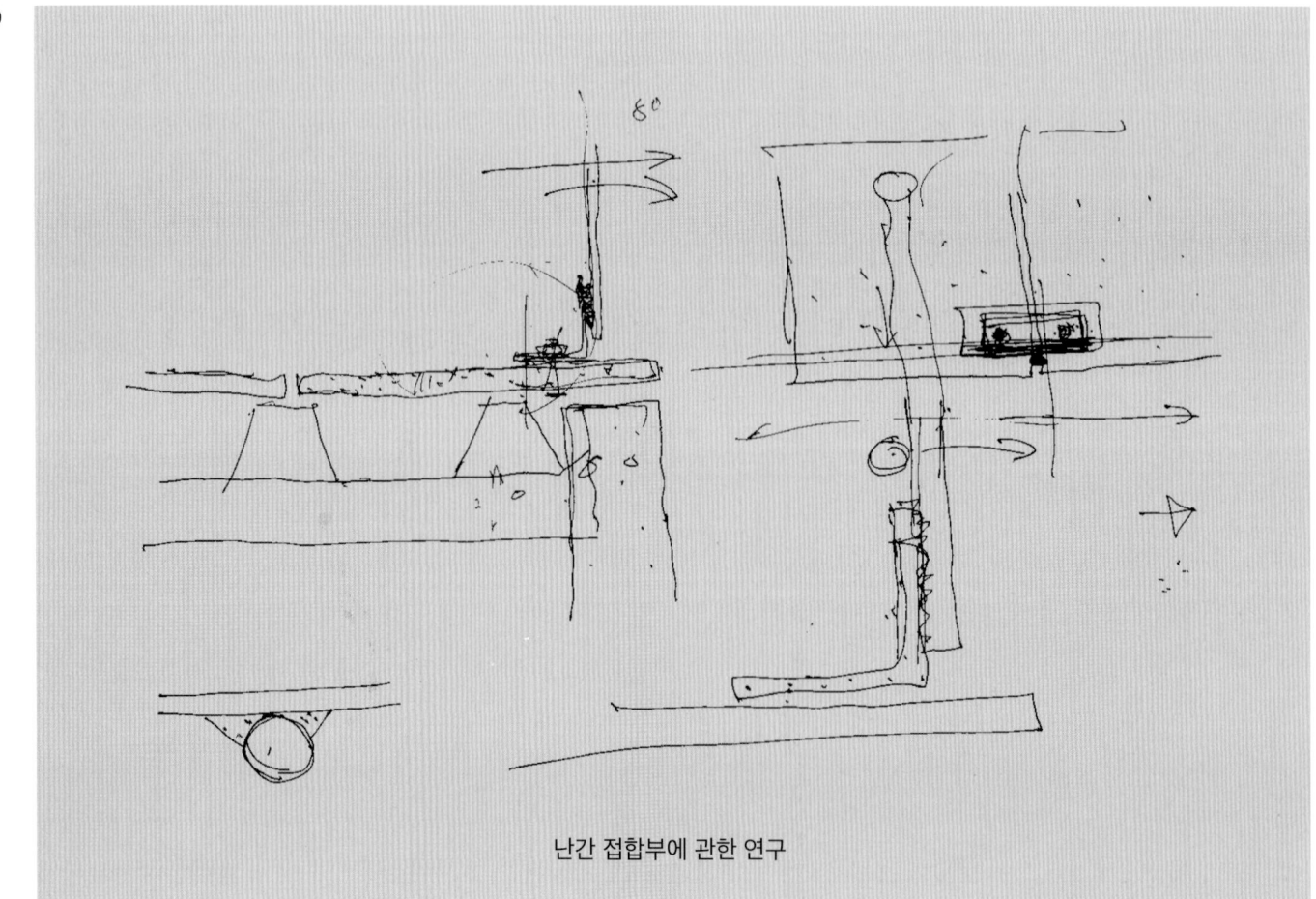

난간 접합부에 관한 연구

엘리오 피논

엘리오 피논

엘리오 피뇬

엘리오 피뇬

엘리오 피뇬

116

넬슨 콘

넬슨 콘

넬슨 콘

엘리오 피뇬

엘리오 피뇬

1996

Avenida Paulista, 1313
São Paulo

산업연맹 문화센터 Centro Cultural FIESP

엘리오 피뇬

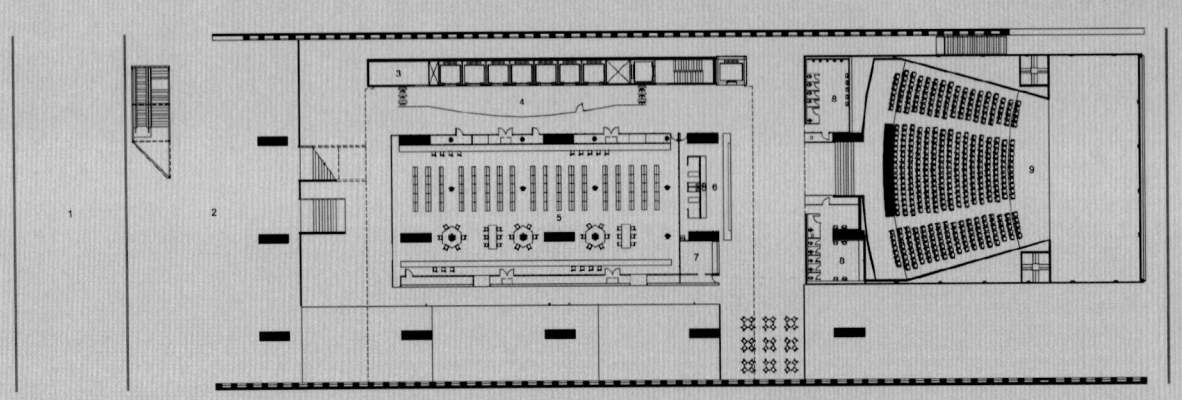

갤러리층 평면도 (2층)

1. 파울리스타 대로
2. 아트리움
3. 입구 홀
4. 창고
5. 휴게실
6. 안내소
7. 상점
8. 화랑
9. 저수조
10. 정원
11. 알라메다 산토스 길

도서관층 평면도(1층)

엘리오 피뇬

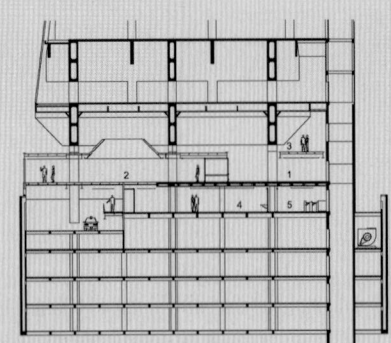

횡단면도

0 5 10m

1. 입구홀
2. 화랑
3. 통로
4. 도서관
5. 출구홀

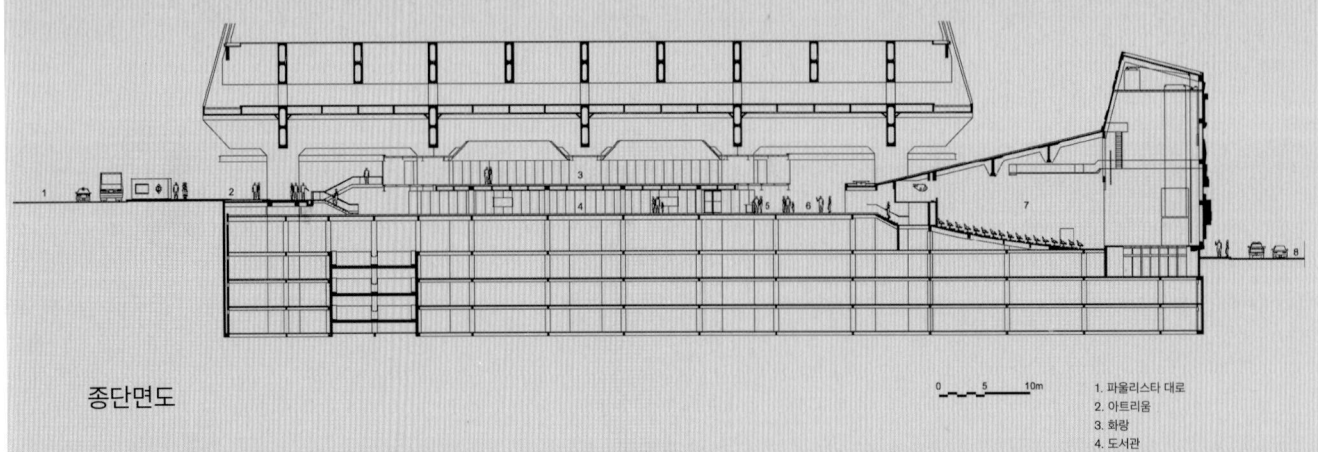

종단면도

0 5 10m

1. 파울리스타 대로
2. 아트리움
3. 화랑
4. 도서관
5. 카페
6. 극장 로비
7. 극장
8. 알라메다 산토스 길

엘리오 피뇬

엘리오 피뇬

엘리오 피뇬

엘리오 피뇬

엘리오 피뇬

엘리오 피뇬

엘리오 피뇬

엘리오 피뇬

135

엘리오 피논

엘리오 피논

엘리오 피뇬

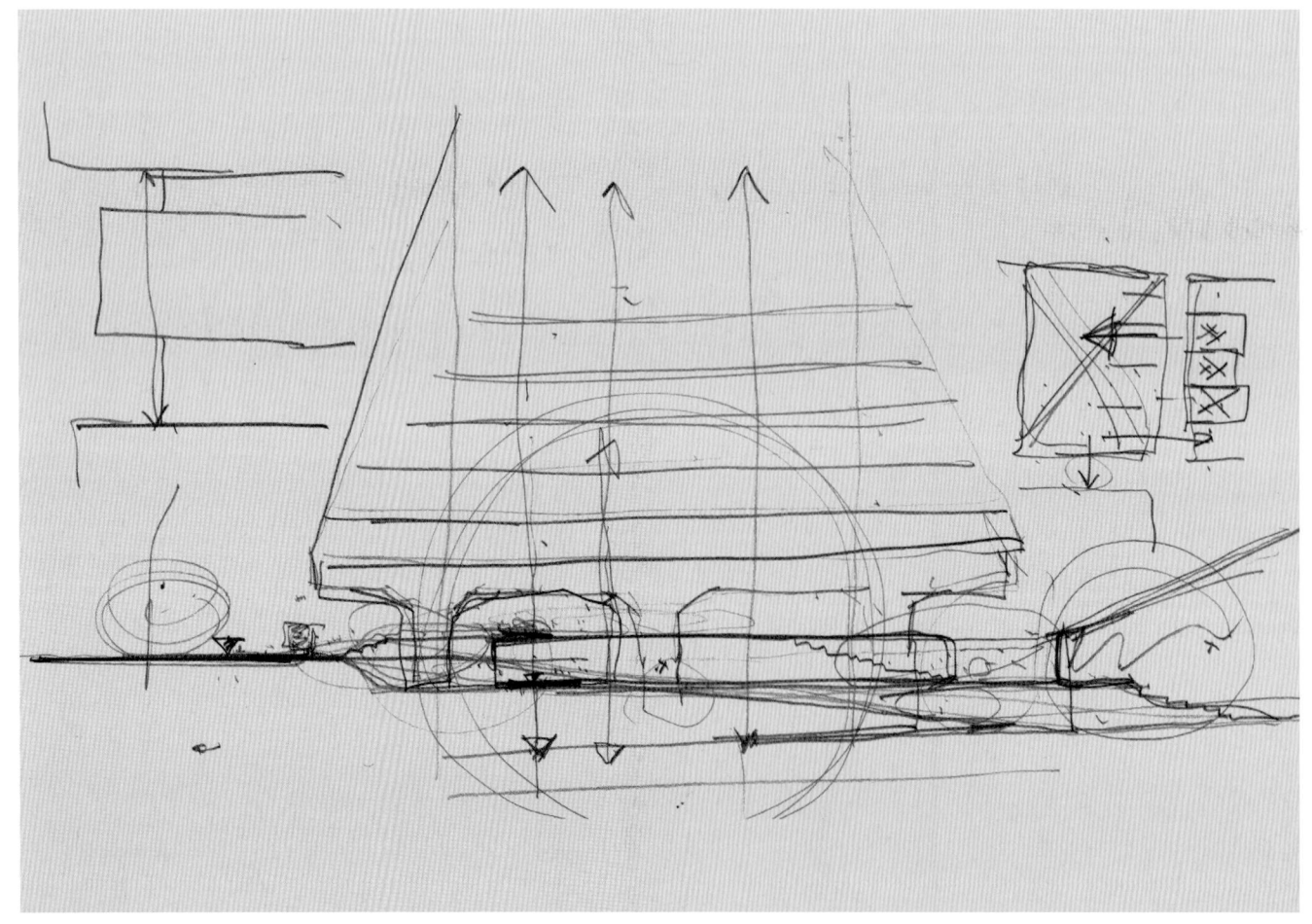

엘리오 피뇬

엘리오 피뇬

엘리오 피논

파울리스타노 육상 클럽 Gimnasio del Clube Atlético Paulistano

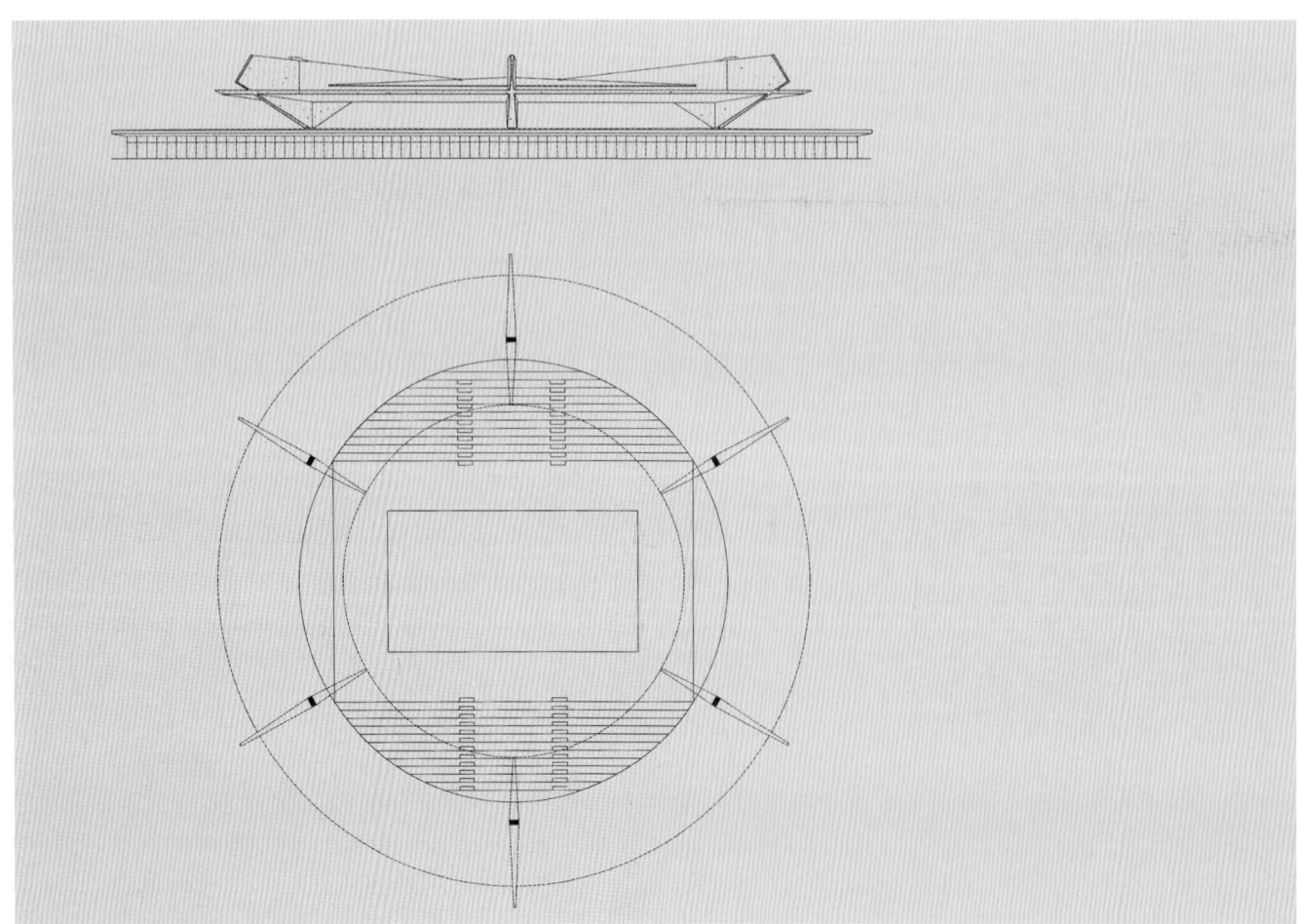

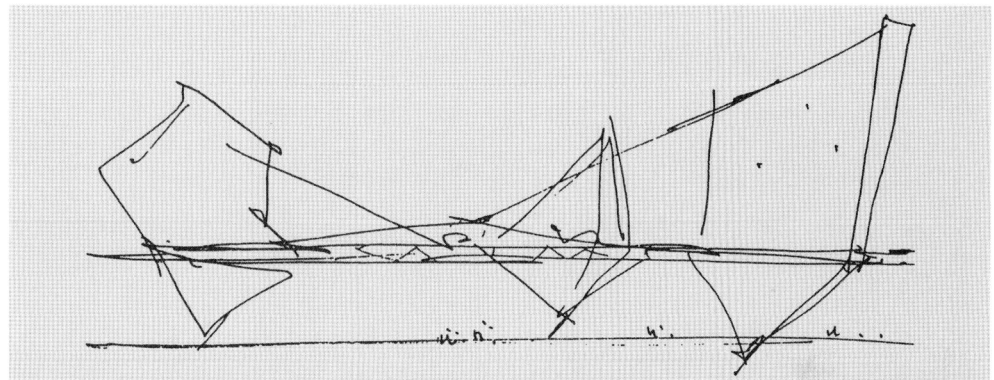

호세 모스카르디

1968

colaborador con Fabio
Penteado de Vilanova
Artigas
Guarulhos

제징유 마갈량스 프라도 주택단지 Conjunto de viviendas "Zezinho Magalhães Prado"

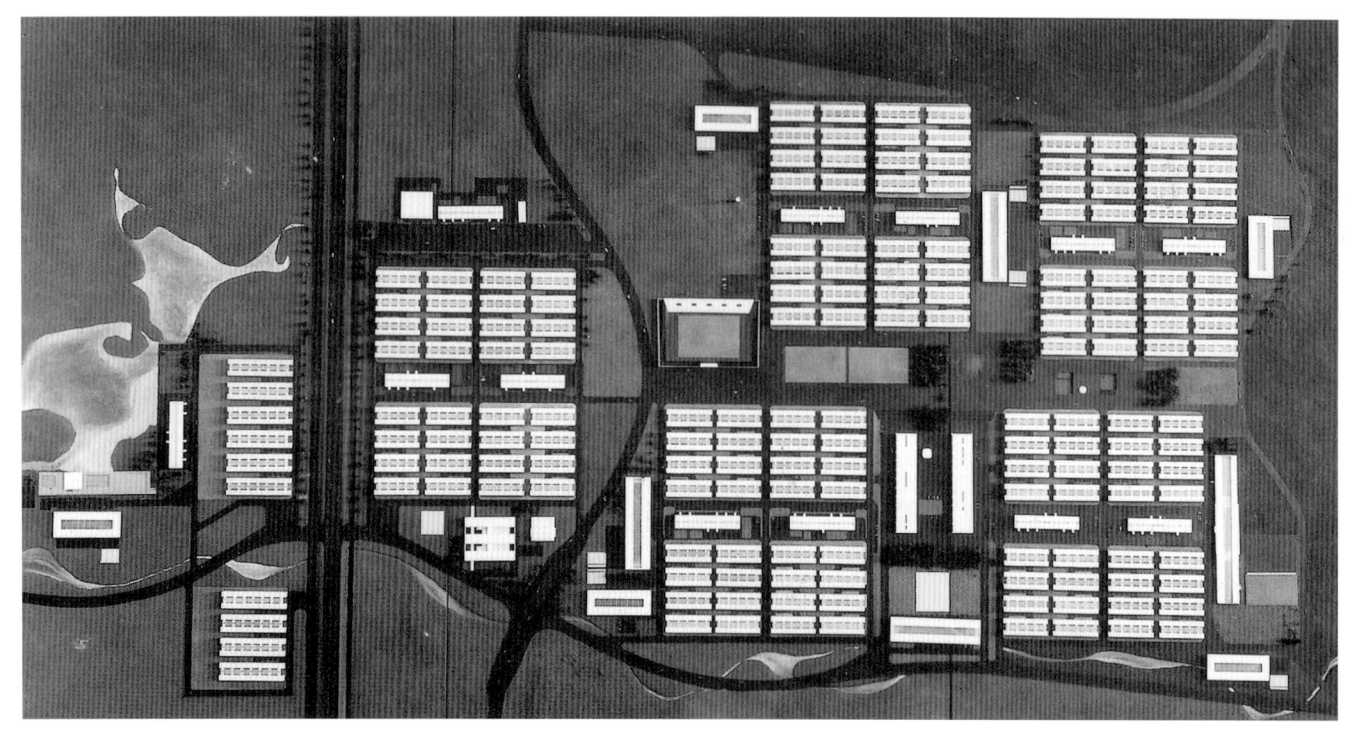

빌라노바 아르티가스 재단

엘리오 피뇬

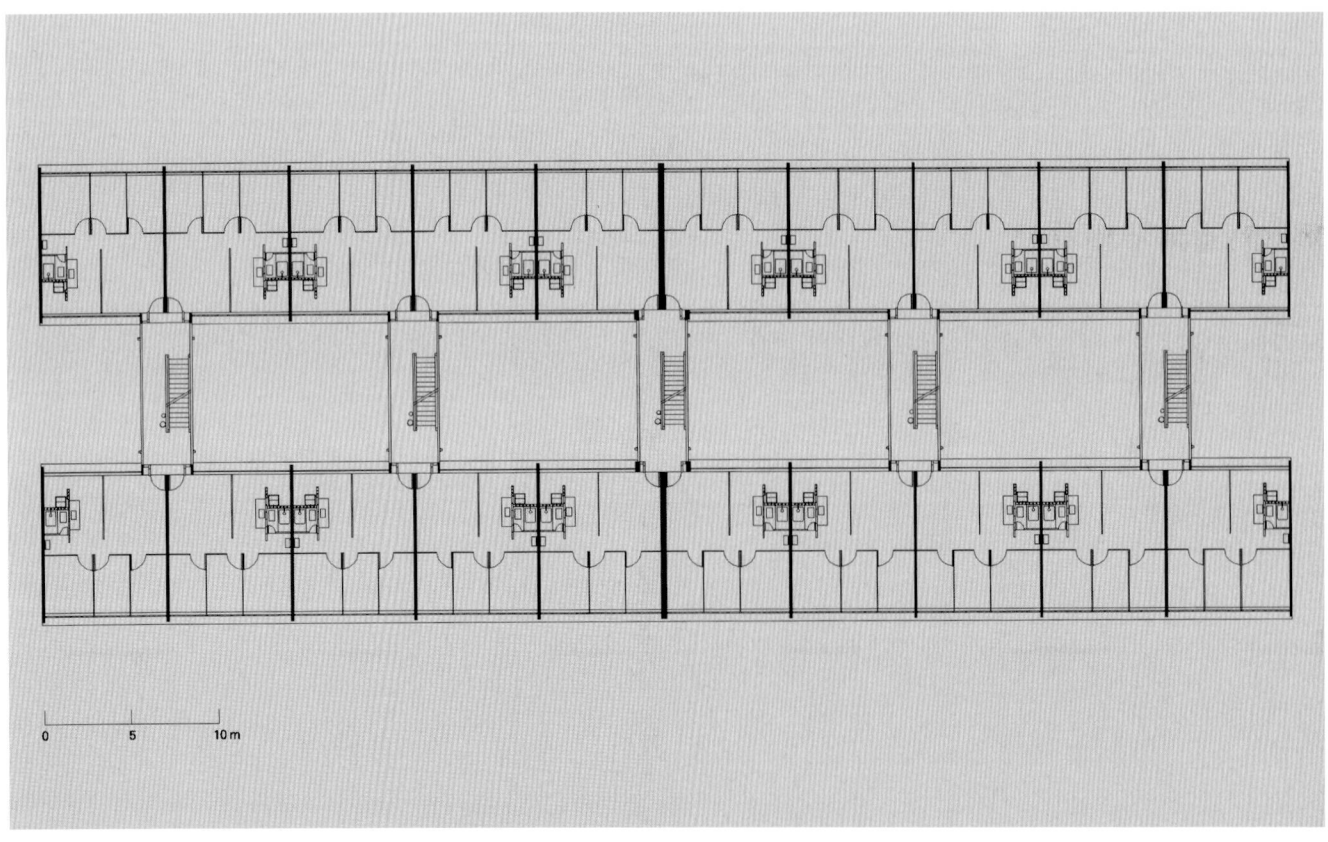

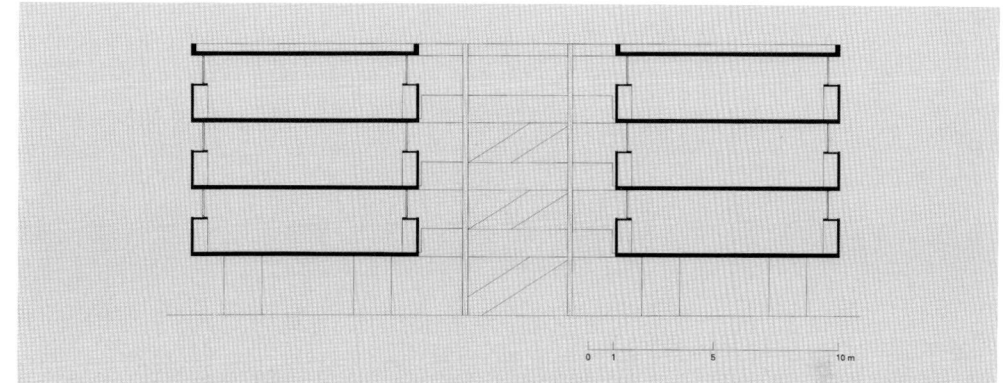

엘리오 피뇬

1969

Osaka, Japón

1970년 오사카 엑스포 브라질관 Pabellón de Brasil en la Expo 70

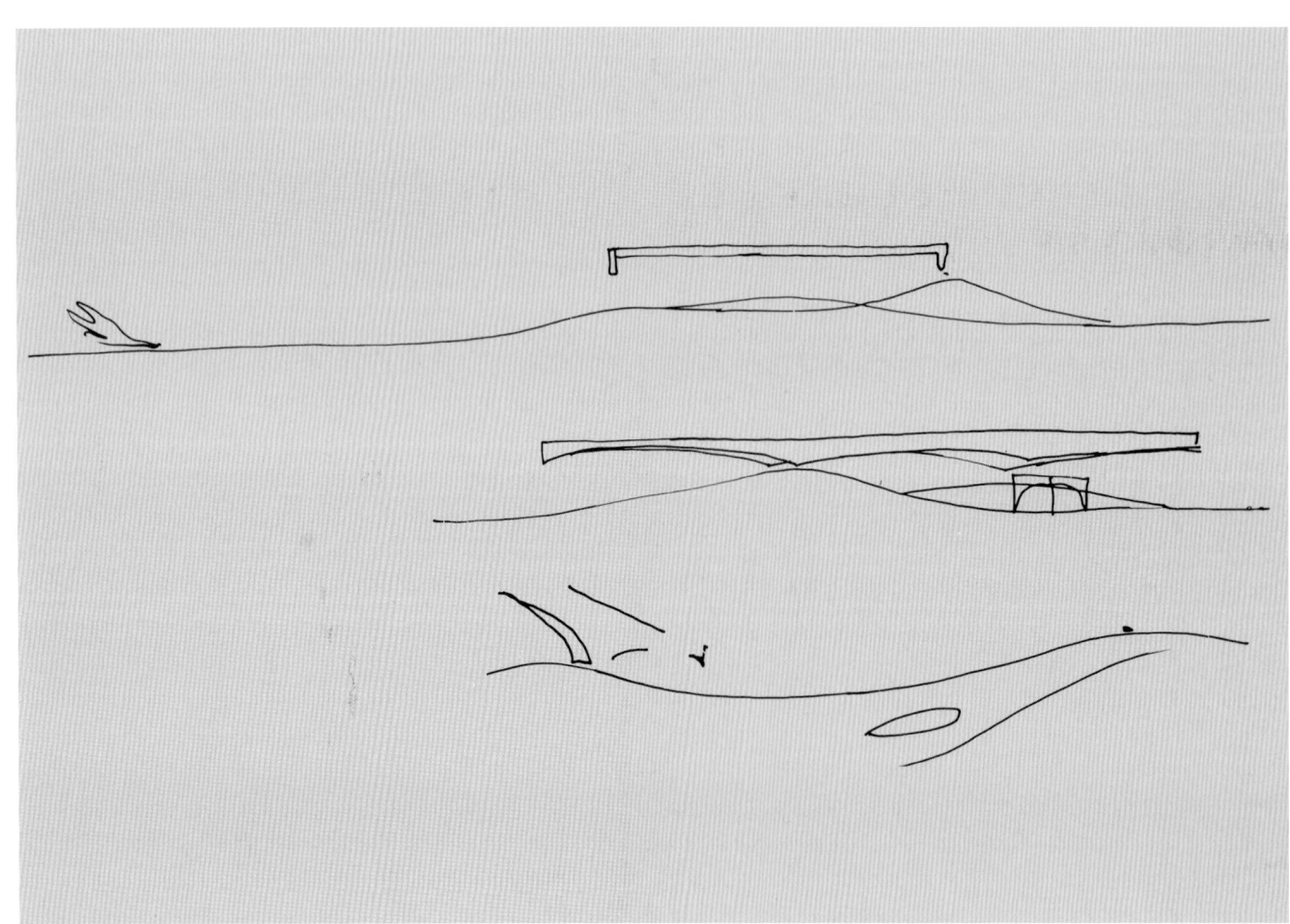

후지타 건축사무소

1970

São Paulo

페르난도 밀랑 주택 Casa Fernando Millan

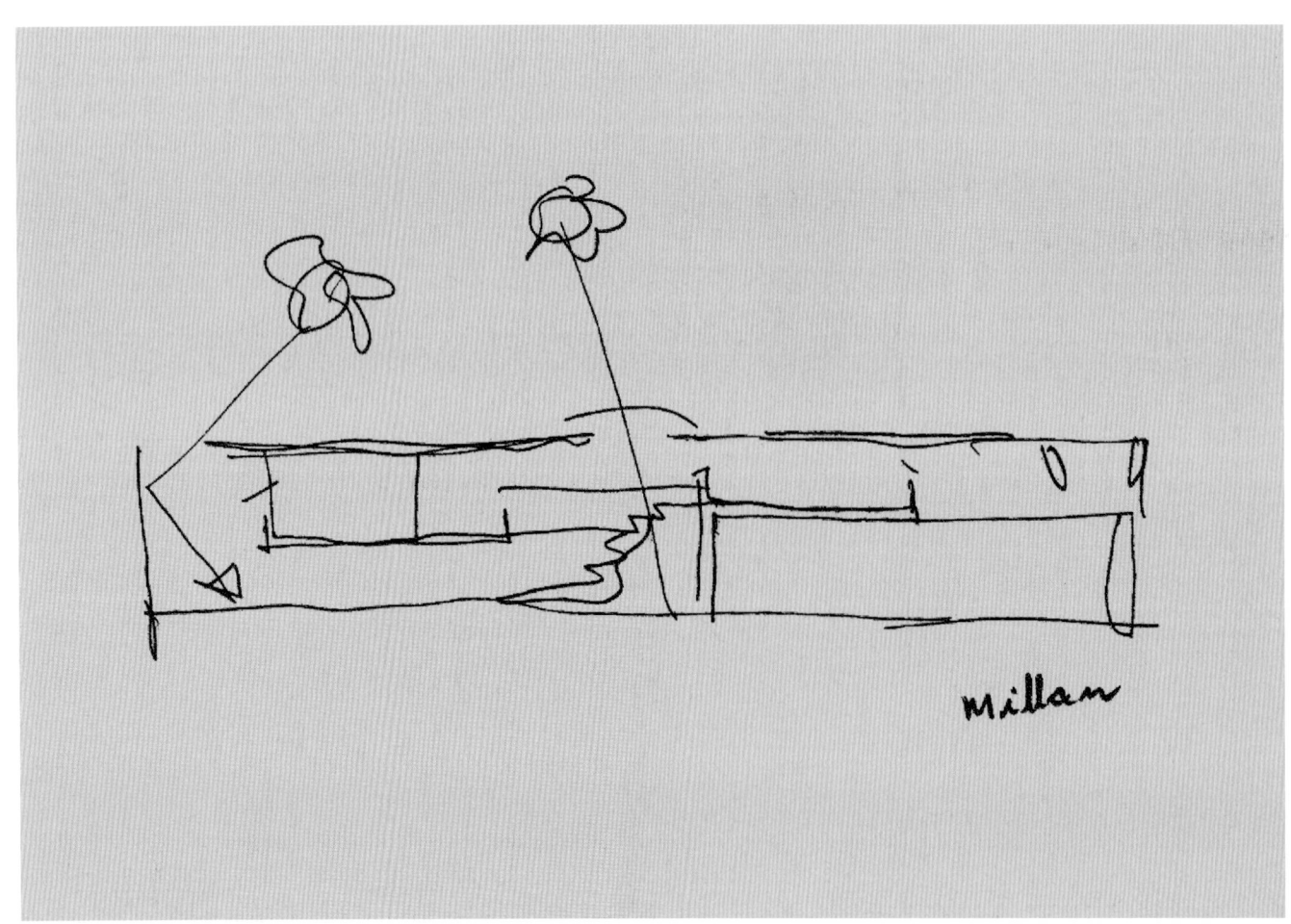

엘리오 피논

엘리오 피뇬

엘리오 피뇬

엘리오 피뇬

엘리오 피논

엘리오 피뇬

엘리오 피뇬

마토 그로쑤 호텔 Hotel en Mato Grosso

Poxoréu, Mato Grosso — 1971

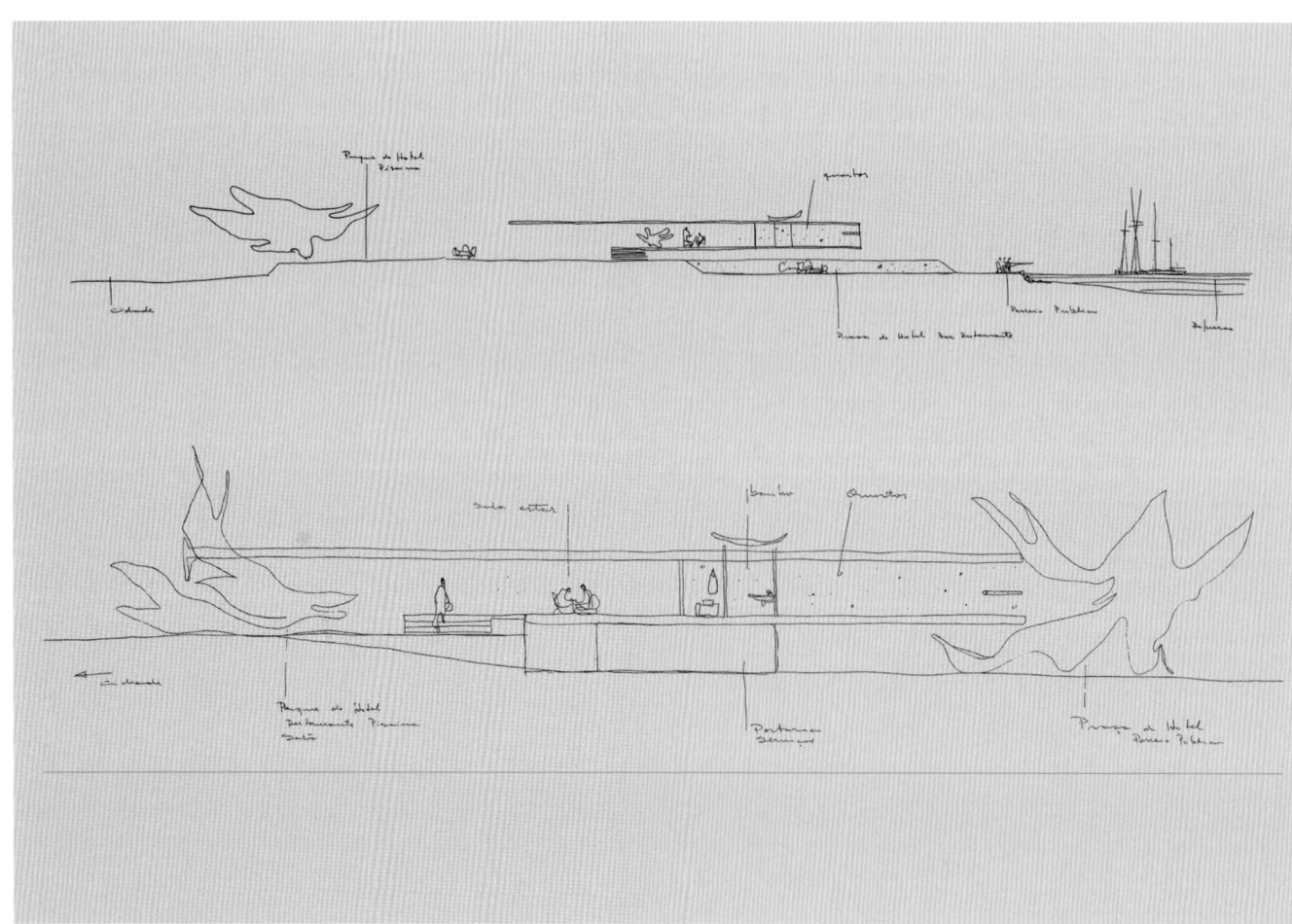

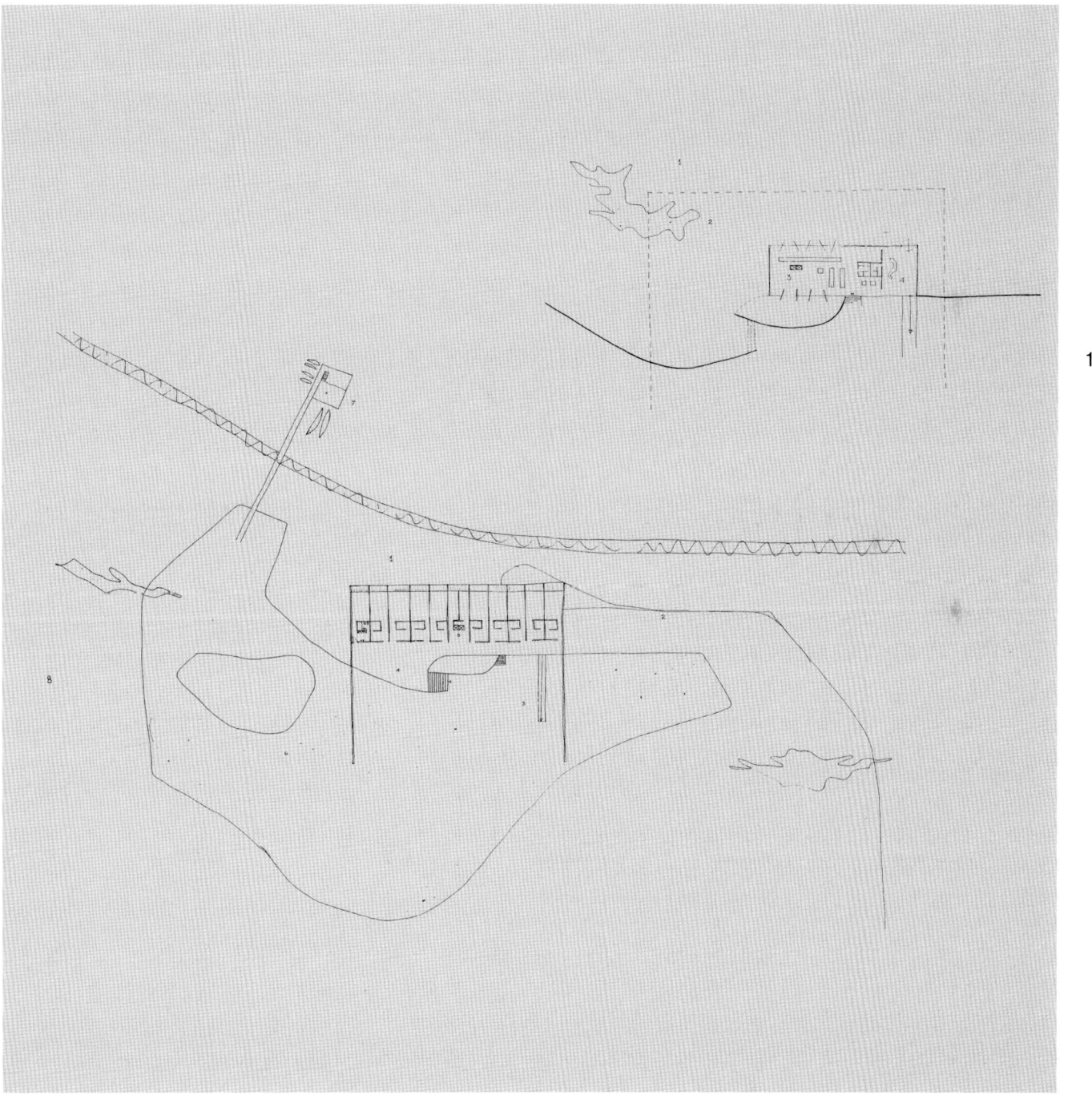

1971

Paris, Francia

퐁피두 센터 Centro Cultural Georges Pompidou

Les Halles
Metro-vies souterraines
Place des sculptures
Jardin
de la bibliothèque
Metro

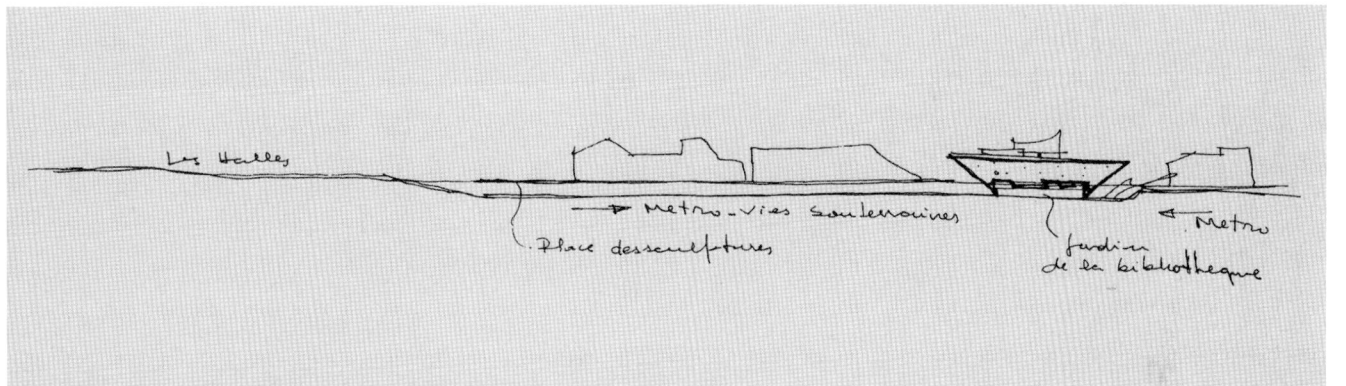

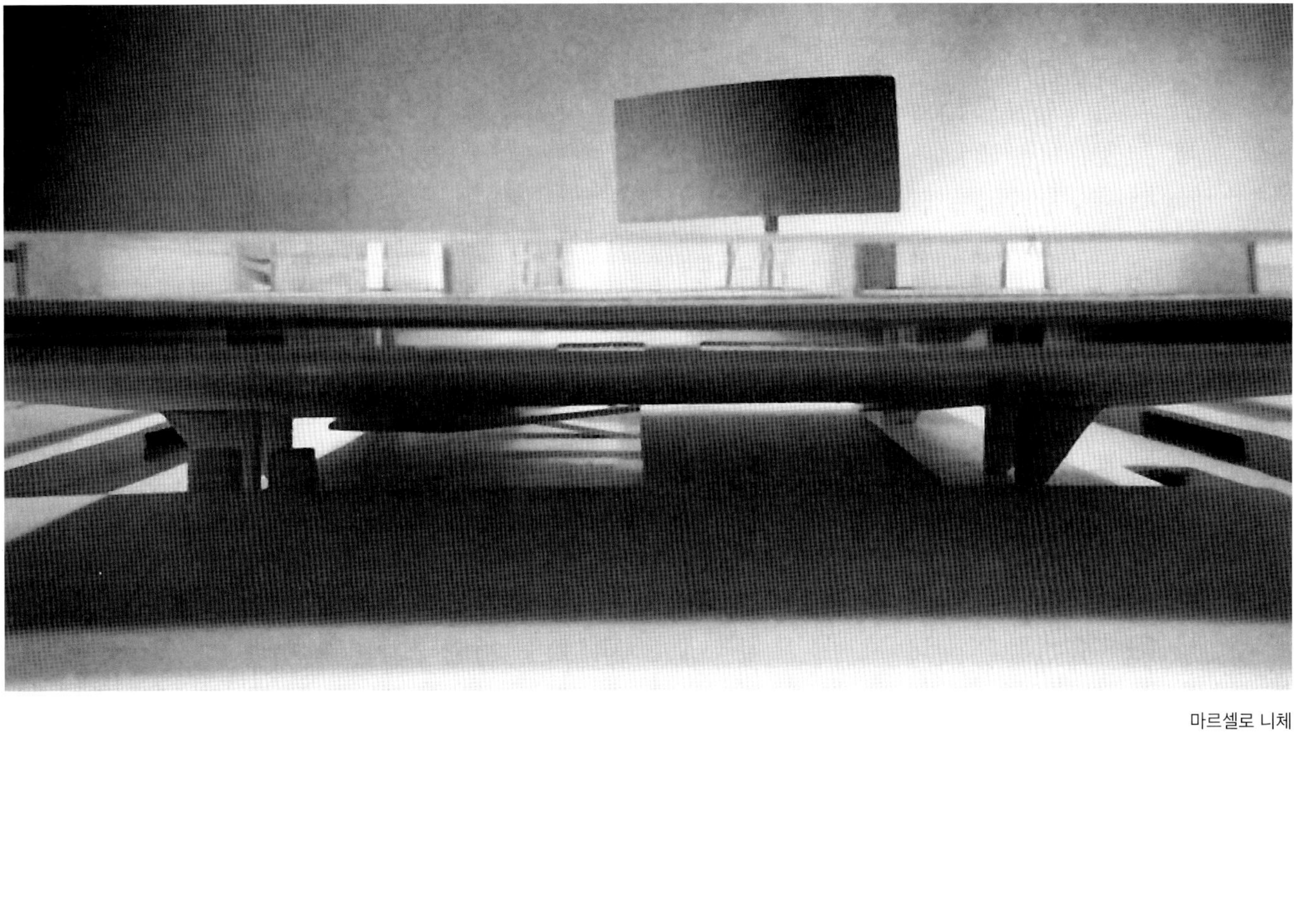

마르셀로 니체

현대 예술 박물관(설계경기) Museo de Arte Contemporáneo. MAC/USP

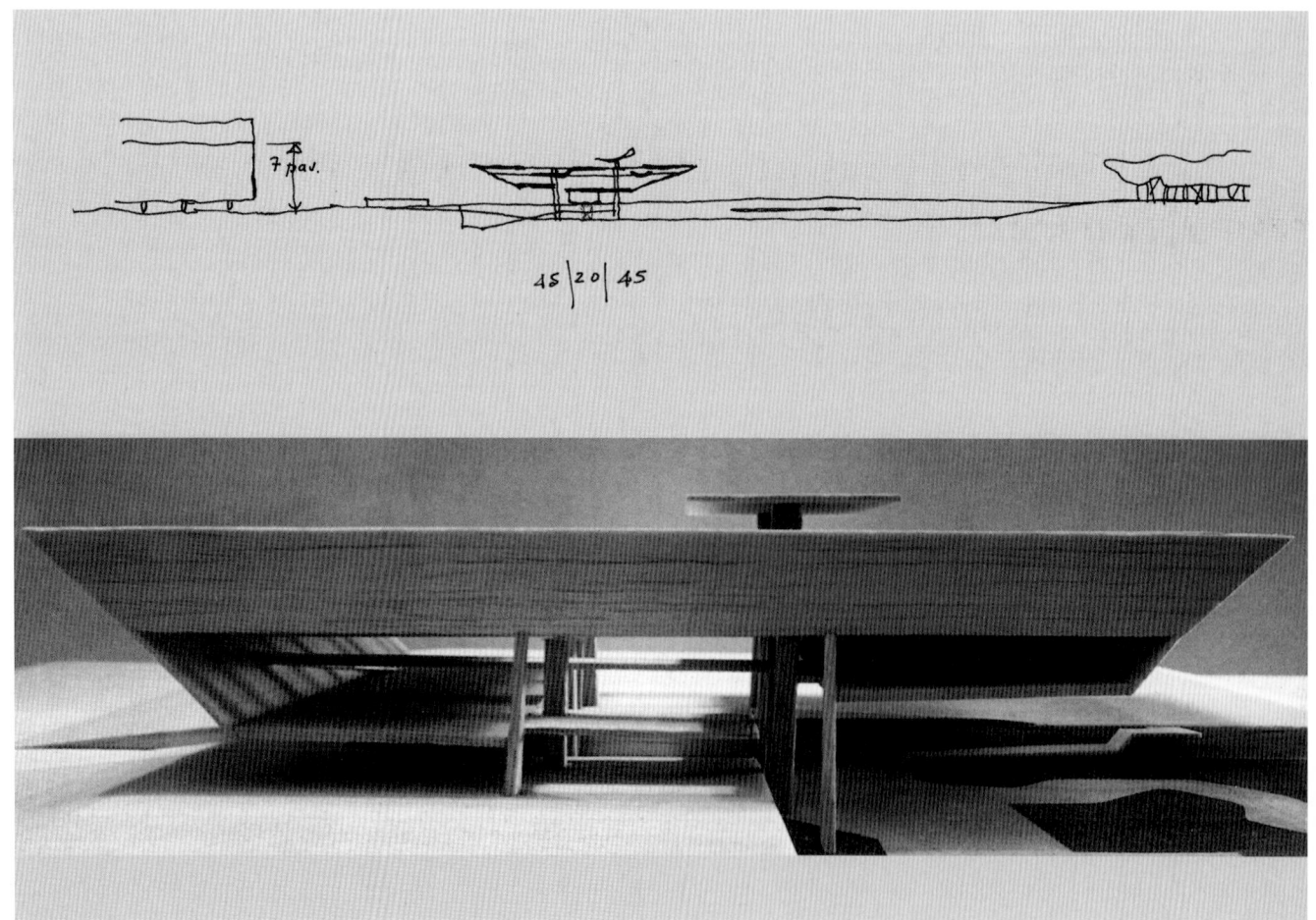

호르헤 이라타

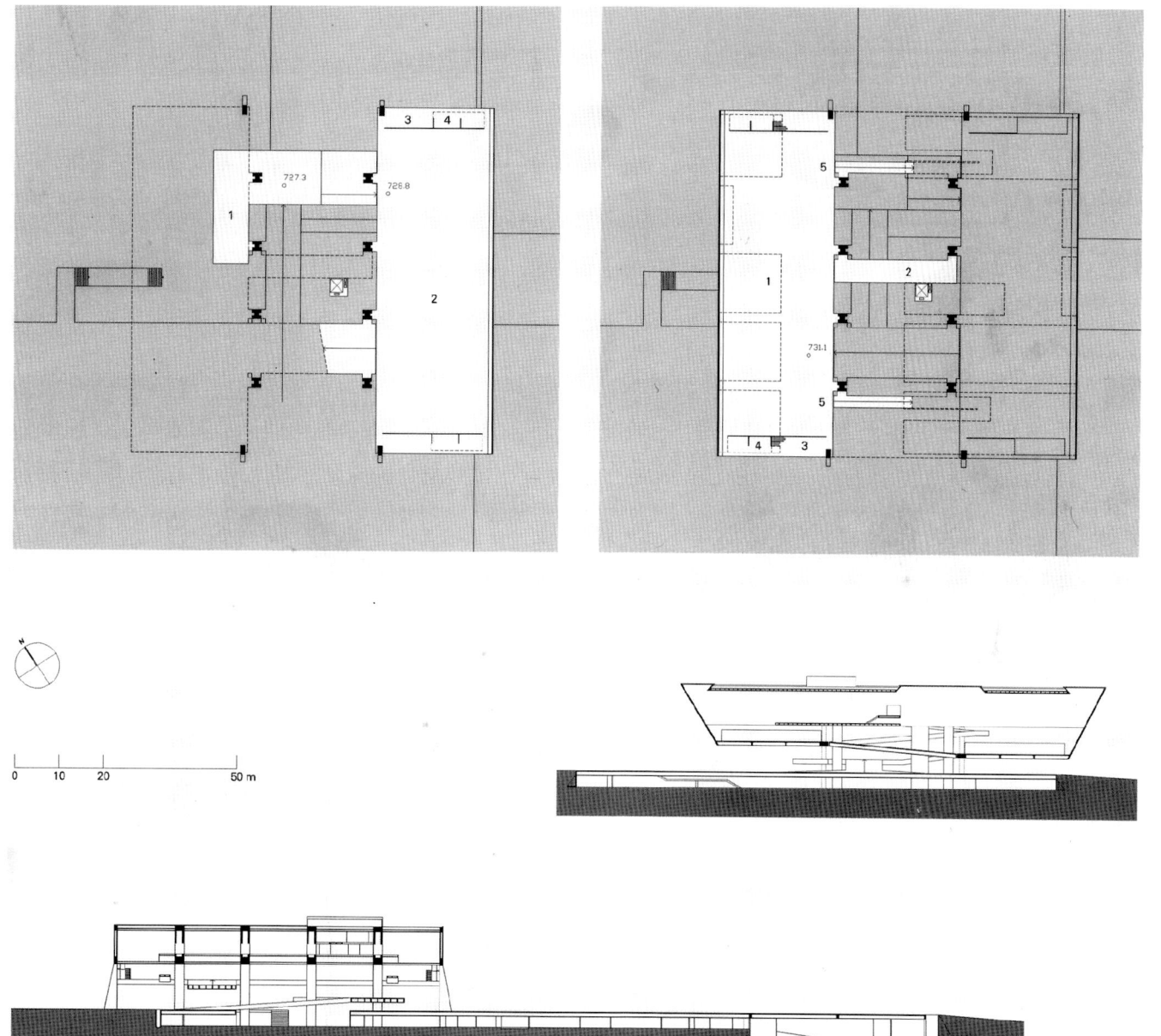

1980

São Paulo

찌에테 도시계획(계획안) Cidade Porto Fluvial Tietê

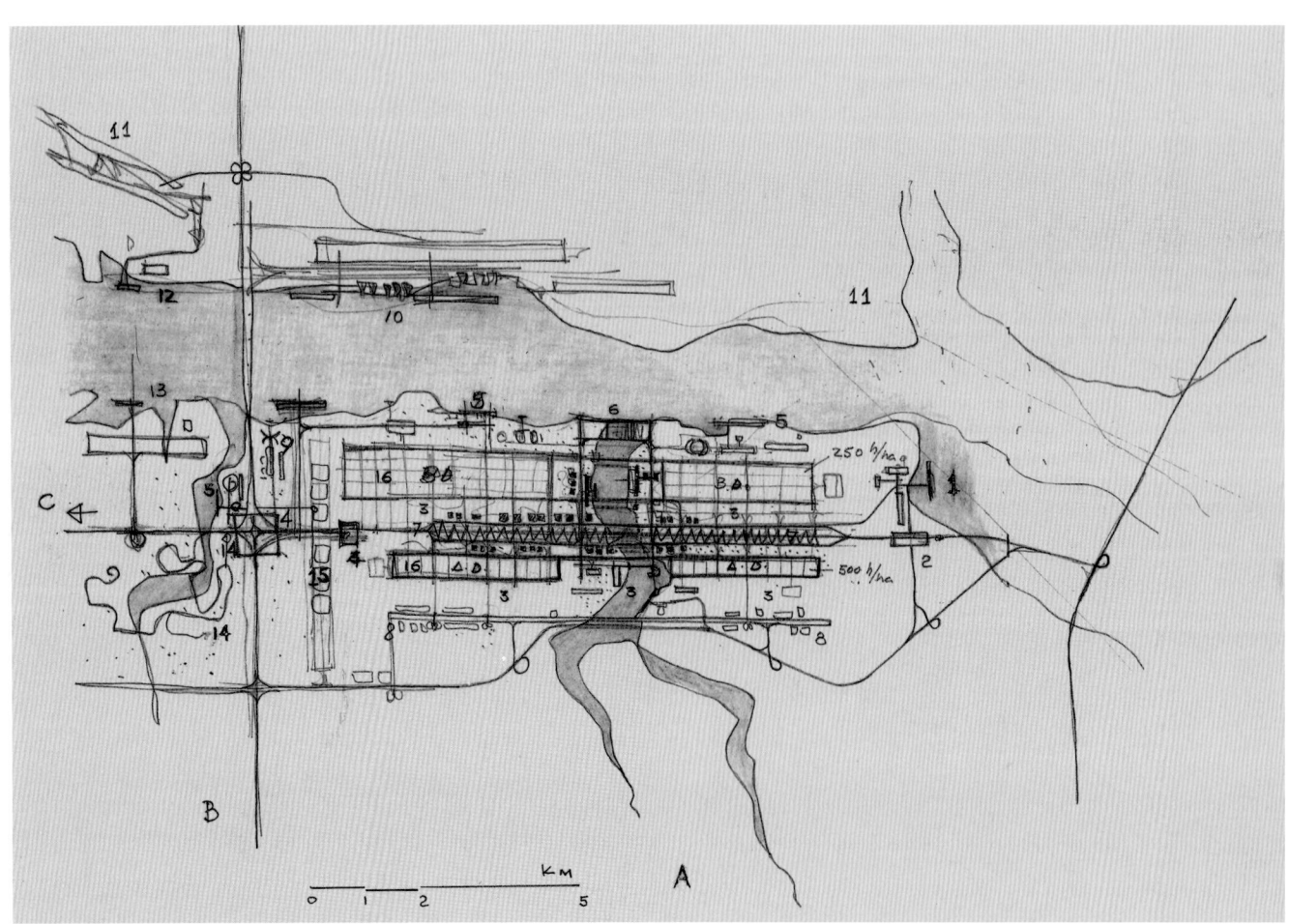

에두아르도 오르테가

1984
São Paulo

자라과 집합주거 Edificio de viviendas Jaraguá

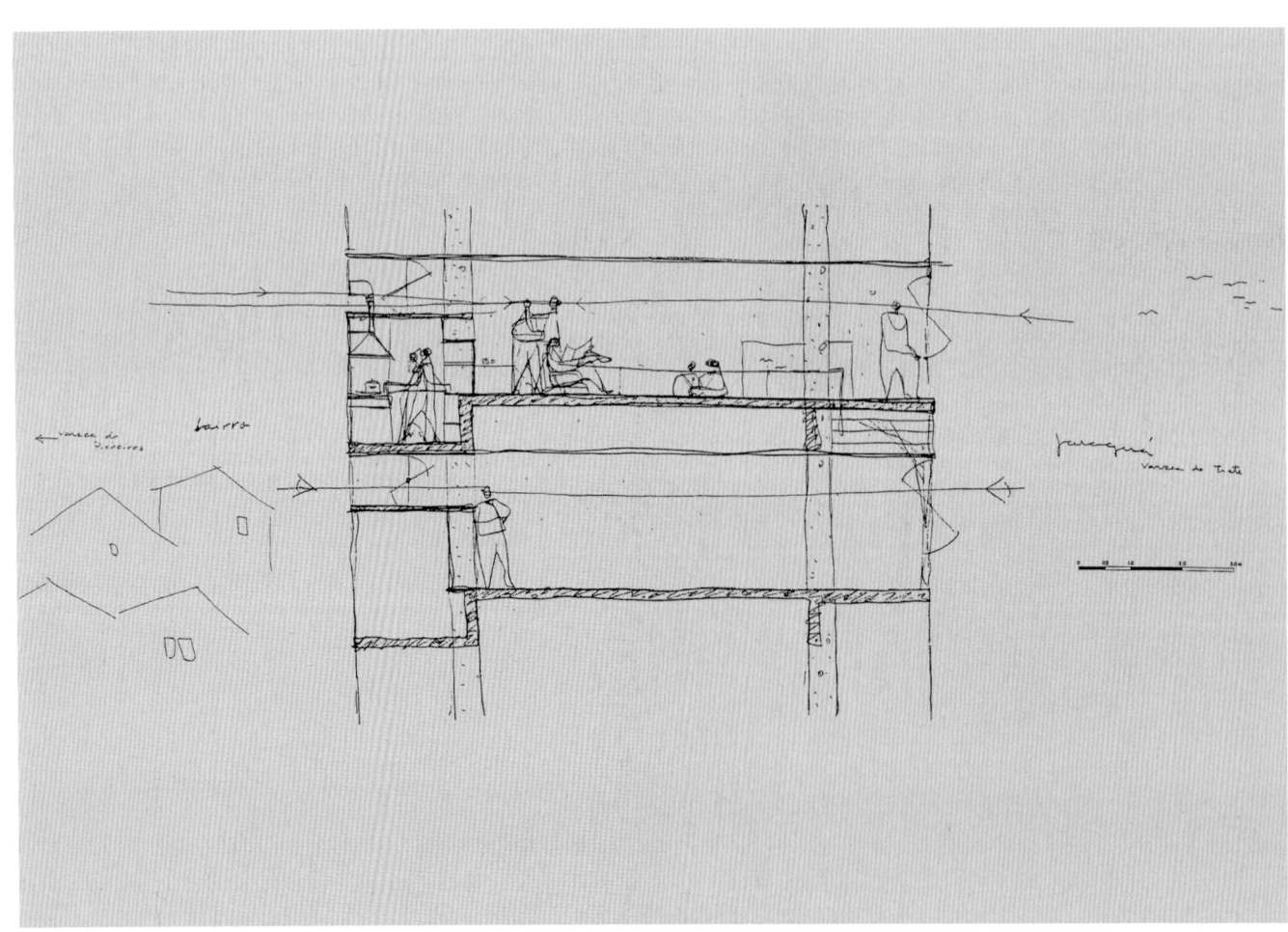

엘리오 피뇬

엘리오 피뇬

엘리오 피논

엘리오 피뇬

엘리오 피뇬

1958/1985

São Paulo

의자 Sillas

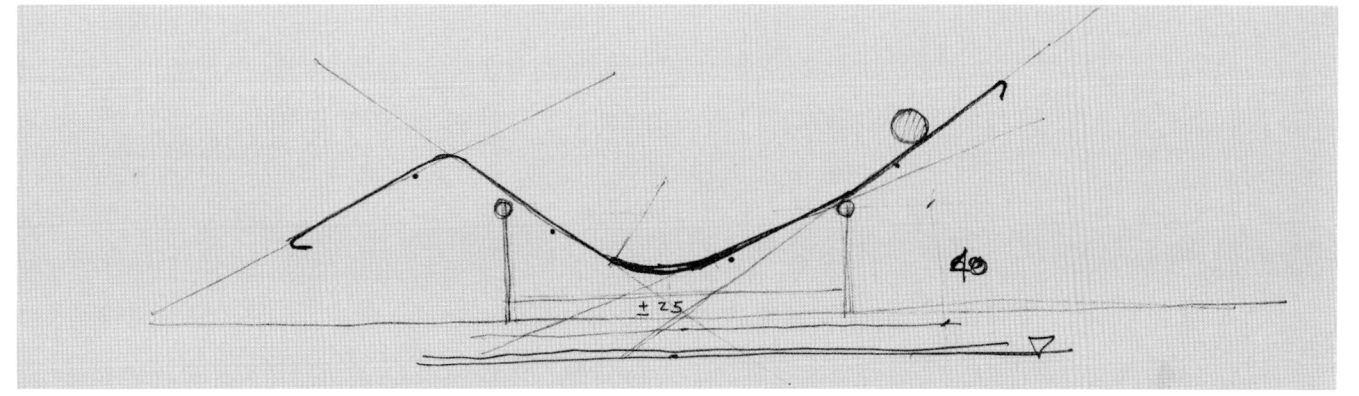

파울루 멘지스 다 호샤

1988

Alexandria, Egipto

알렉산드리아 도서관 Biblioteca en Alexandria

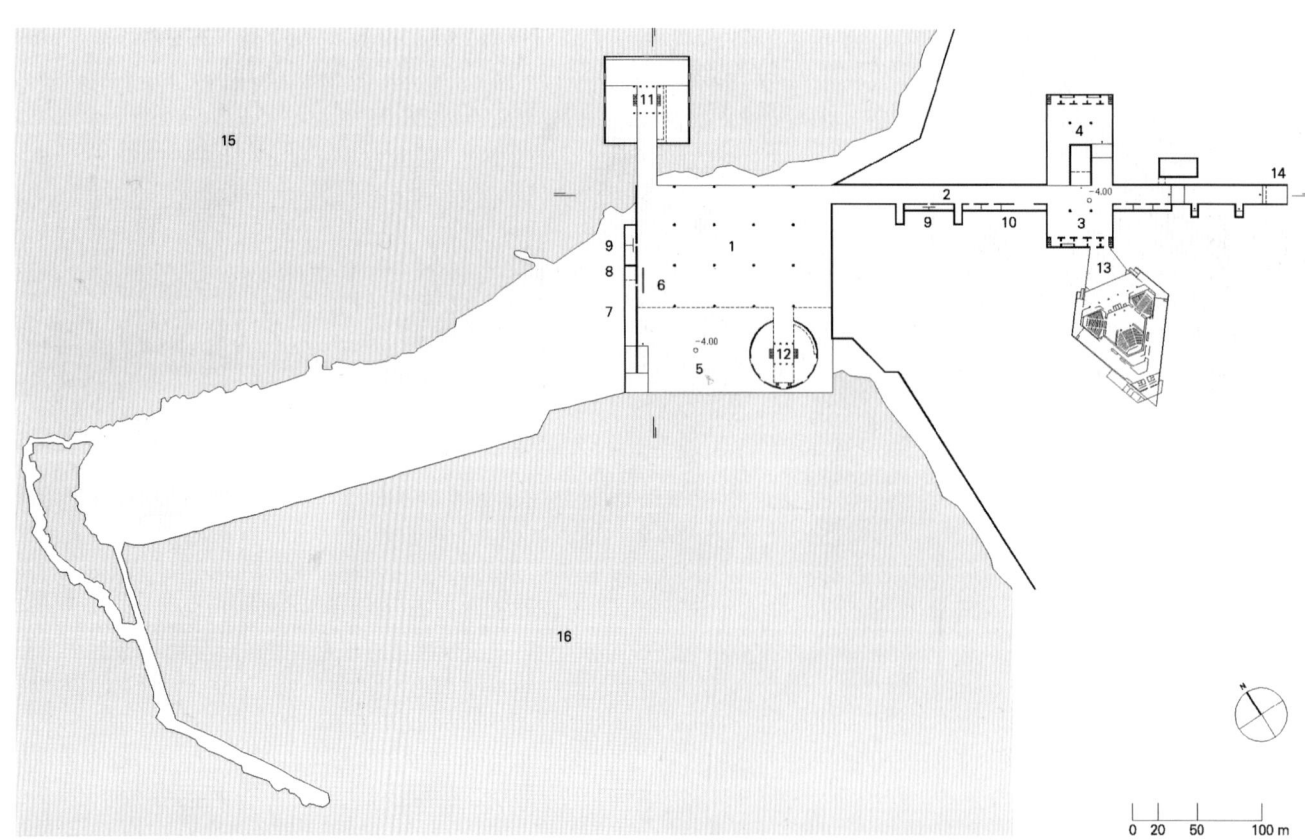

호세 모스카르디

1989

São Paulo

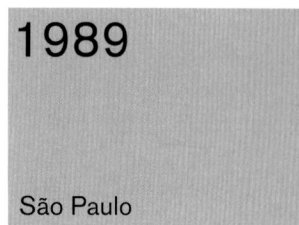

안토니오 지라씨 주택 Casa Antônio Gerassi

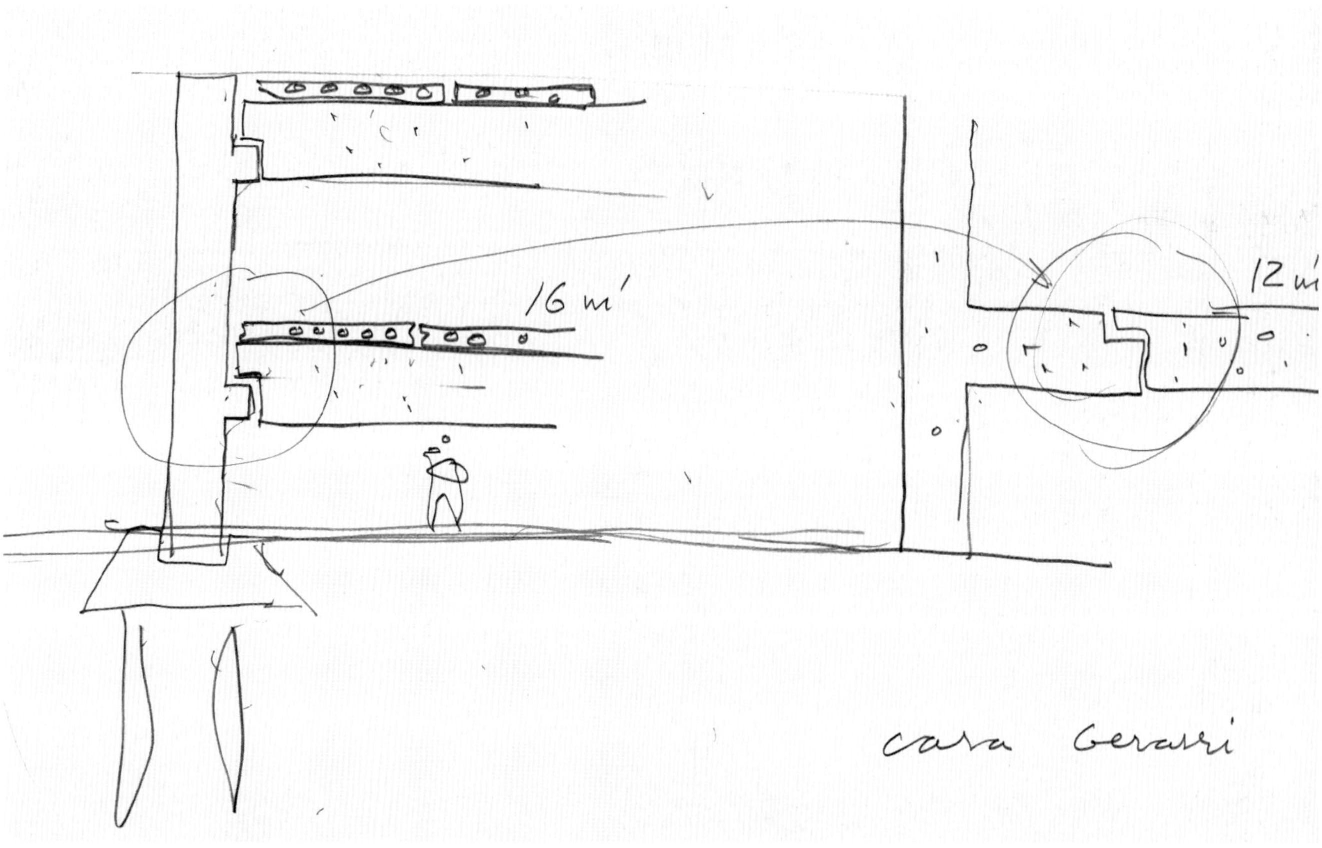

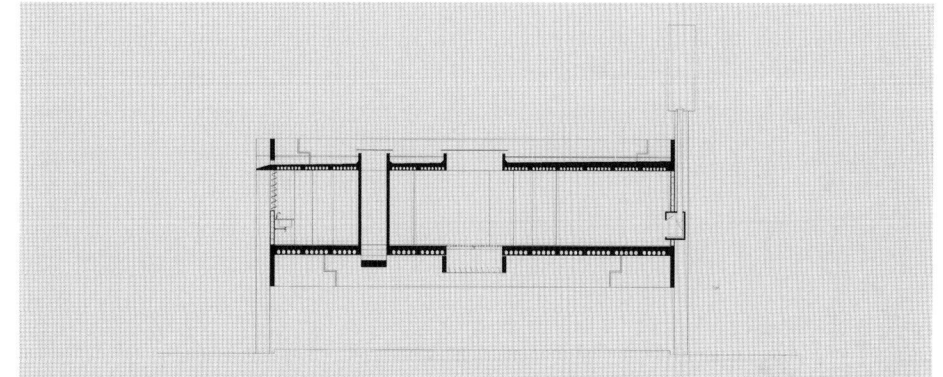

신티아 옌도

1992
São Paulo

파트리아르카 광장과 비아두투 두 샤 Praça Patriarca y Viaduto do Chá

넬슨 콘

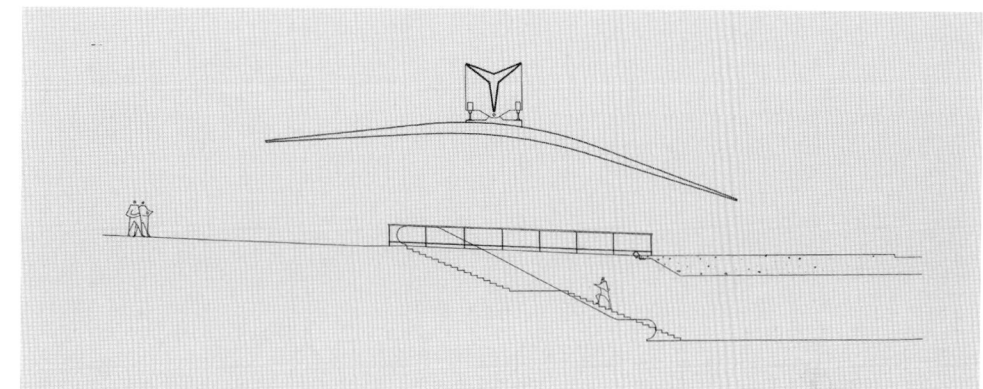

넬슨 콘

몬테비데오만 계획안 Bahía de Montevideo

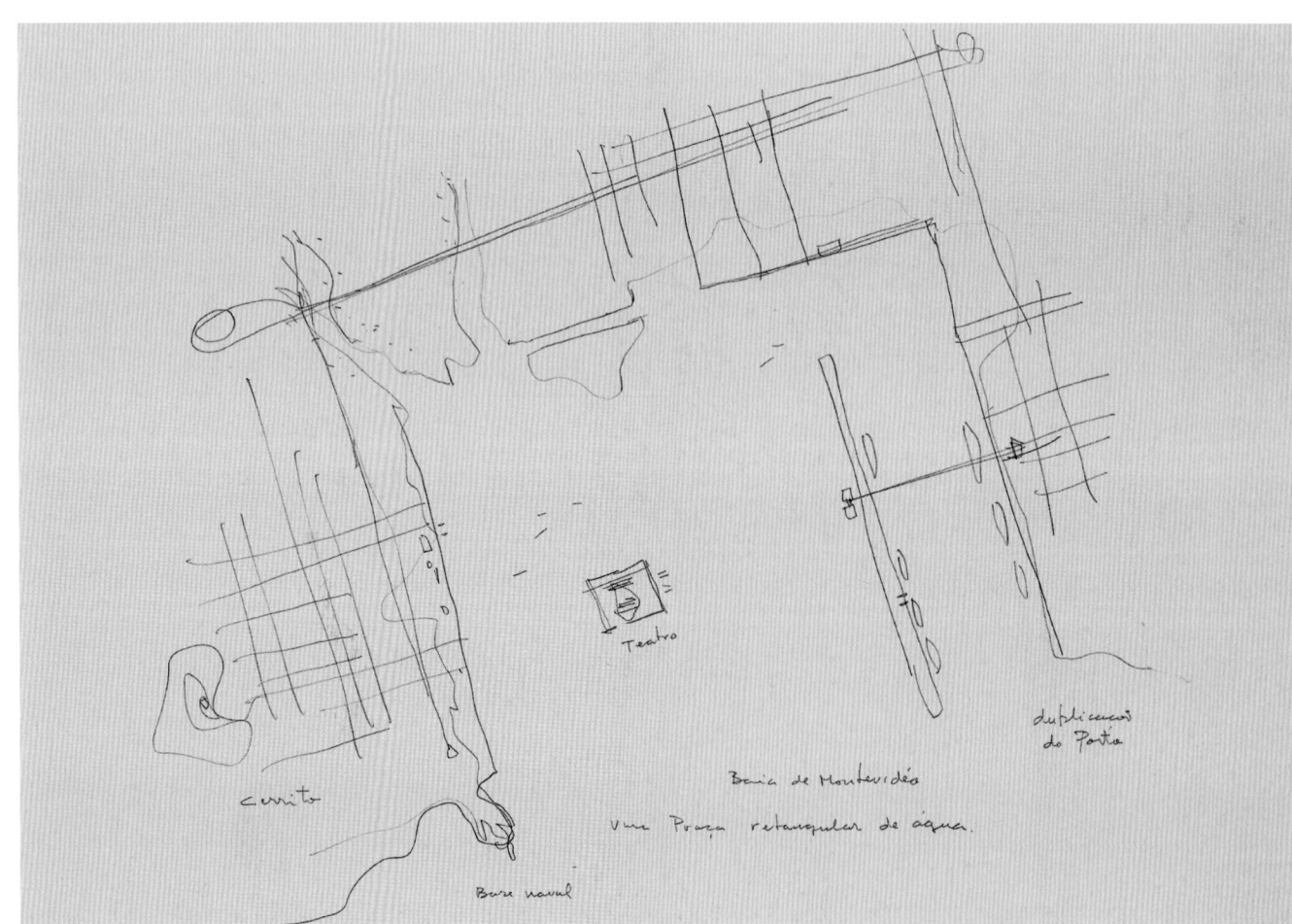

181

182

참고 도서

참고 서적

ACAYABA, Marlene Milan. Residências em São Paulo (1947–1975), Projeto Editores, São Paulo, 1986.

ARTIGAS, Rosa (org.). Paulo Mendes da Rocha, Editora Cosac & Naify, São Paulo, 2000.

BRUAND, Yves. "À margem do racionalismo: a corrente orgânica e o Brutalismo paulista" in: Arquitetura Contemporânea no Brasil, Editora Perspectiva, São Paulo, 1981.

COX, Cristián Fernández & FERNÁNDEZ, Antonio Toca. "Museo Brasileño de Escultura – MuBE" y "Tienda Forma" in: América Latina - Nueva Arquitectura: una Modernidad Pósracionalista, Ediciones Gustavo Gili, México, 1998.

FICHER, Silvia & ACAYABA, Marlene Milan, "Tendências regionais após 1960" in: Arquitetura Moderna Brasileira, Projeto Editores, São Paulo, 1982.

MONTANER, Josep Maria. La Modernidad Superada-Arquitectura, Arte y Pensamiento del Siglo XX - Editorial Gustavo Gili, Barcelona, 1997.

MONTANER, Josep Maria & VILLAC, M. Isabel. Mendes da Rocha, Editorial Gustavo Gili, Barcelona, 1996 / Editorial Blau, Lisboa, 1996.

XAVIER, Alberto; LEMOS, Carlos; CORONA, Eduardo. Arquitetura Moderna Paulistana, Editora Pini, São Paulo, 1983.

건축잡지

"Clube Atlético Paulistano", The Kobusni, Kentiku, Japão, Vol. XXXIV, 1961, nº VI.

"Residencia Paulo Mendes da Rocha", Architektur & Wohnen, Sommerhalbjahr, nº 73.

"Dos Butacas", Neue Möbel, Verlag Gerd Hatje, Stuttgart, Alemanha, 1958, nº 4.

Depoimento do Arquiteto, The Japan Architect, Enero, 1970.

"Da Rocha House", Global Interior, A.D.A. edita, Tokyo, Japan, 1972, nº 2, p. 24-31.

"Dos Residencias en Brasil", Summa, Ediciones Summa, Buenos Aires, Febrero 1976, nº 98, p. 22-26.

"Paulo Mendes da Rocha, Un Architecte Paulista", por Jean et Marie Deroche, (In) "Architectures en Amérique Latine", nº 334, Techniques & Architecture, Paris, França, p. 74-76.

"La norma de lo esencial: Museo Brasileño de Escultura", por Hugo Segawa, (In) A&V, Avisa, Madrid, España, 1994, n° 48, p. 30-33.

Articulo sobre la obra del arquitecto, por Josep Maria Montaner, (In) "Museos para el Nuevo Siglo", Editorial Gustavo Gili, Barcelona, España, 1995, p. 90-91.

"Museu Brasileiro de Escultura y Sala de exhibición Forma", São Paulo, Arquitectura, México, Enero/Febrero 1996, p. 60-67.

"Museu Brasileiro da Escultura", por Ruth Verde Zein, (In) Tostem View Metropolitan Lanscape Magazine, Japan, May 1996, n° 59, p.14.

"Museo en San Pablo, Brasil: Esencia y Reticencia", por Adriana Irigoyen, (In) Revista Summa+, Buenos Aires, Abril/Mayo 1996, n° 18b, p. 46.

"Brasile: Museo Di Scultura", Abitare, editrice Abitare Segesta, Milano, Luglio/Agosto 1996, n° 353, p.128 a 134.

"Museé de La Sculpture de São Paulo", por Armele Lavalou, entrevista com Maria Beatriz de Castro, Groupe Expansión, Abril 1997, n° 310, p. 40-43

"Nueva Pinacoteca", New Arte Museum, por Ruth Verde Zein, 2G, Editorial Gustavo Gili, Barcelona, 1998, n° 8, p.62-69.

"Brazilian Sculpture Museum, Pinacotheque of São Paulo State Building, Urban Bus Station Parque D. Pedro II", A+U Architecture and Urbanism, A&U Publishing, Japan, Febrero1999, n° 341, p.101-129.

Entrevista con Paulo Mendes da Rocha, por Ruth Verde Zein, Mario Biselli y Julio Gaeta, (Museo Brasileño de La Escultura, Tienda Forma e Centro Cultural Fiesp). Elarqa, Dos Puntos Srl, Ano IX, n° 31, Agosto1999.

"Antonio Gerassi House", Architécti, Editora Trifório, Portugal, 3° Trimestre 1999, p.12-17.

"Art Gallery (Pinacoteca do Estado)", The Architectural Review, London, February 2000, p.76-78.

"Tienda Forma – Paulo Mendes da Rocha", J.A., Portugal, Marzo/Abril 2000, n° 195.

브라질 잡지

"Duas Cadeiras", Acrópole, Editora Max Grunewald, São Paulo, Enero 1957, n° 219, Año XIX, p. 110.

"Edifício para fins de recreação, Ginásio Coberto", Acrópole, Editora Max Grunewald, São Paulo, Noviembre 1961, n° 276, Año XXIII, p. 410-413.

"Ginásio Coberto do Clube Atlético Paulistano", Módulo, Avenir Editora, Rio de Janeiro, 1962, n° 27.

Número especial Paulo Mendes da Rocha, Acrópole, Editora Max Grunewald, São Paulo, Agosto 1967, n° 342, Año XXIX, p.15-39.

Número especial Paulo Mendes da Rocha, Acrópole, Editora Max Grunewald, São Paulo, Septiembre 1967, n° 343, Año XXIX.

"O Conjunto Habitacional de Cumbica", por Eduardo Corona, Acrópole, Editora Max Grunewald, São Paulo, Marzo1968, n° 348, Año XXIX, p.12.

"Pavilhão do Brasil na Expo-70 – 1° Prêmio", Acrópole, Editora Max Grunewald, São Paulo, Marzo 1969, n° 361, Año XXXI, p. 13-17.

"Arquitetura Brasileira para a Expo-70", por Flávio Motta; "Pavilhão oficial do Brasil na Expo 70, Osaka, Japão"; Conjunto Habitacional Zezinho Magalhães Prado em Cumbica", Acrópole, Editora Max Grunewald, São Paulo, Febrero 1970, n° 372, Año XXXII, p. 25-34.

"A Casa do Arquiteto Paulo Mendes da Rocha", Revista Módulo 70, Avenir Editora, São Paulo, 1970, p. 56 57.

"Projeto de Centro Cultural no coração de Paris: o que é nosso mais perto de nós", por Flávio Motta, O Dirigente Construtor, Mayo 1973, n° 7, Vol. IX, p. 58-64.

"A Casa do Arquiteto Paulo Mendes da Rocha - Residência no Butantã", Módulo, Avenir Editora, São Paulo, Mayo 1982, n° 70, p. 56-57.

"Arquitetura Brasileira: Tendências Atuais", por Ruth Verde Zein, Edição Especial de 10 Anos, 1972/1982, Projeto, Projeto Editores, São Paulo, 1982, n° 42, p.124/126 /141.

"Exercício da Modernidade" por José Wolff, AU – Arquitetura e Urbanismo, Editora Pini, SãoPaulo, Octubre/Noviembre1986, n° 8, p. 26-33.

"Morar na era Moderna", por Paulo Mendes da Rocha, Projeto, Projeto Editores, São Paulo, Diciembre 1986, n° 94, p. 99.

"Museu de Arte Contemporânea da USP e Pavilhão Oficial do Brasil Expo-70, Osaka", "Uma Pedra no Caminho", por José Wolf, AU - Arquitetura e Urbanismo, Editora Pini, São Paulo, Abril/Mayo 1988, n° 17, Año IV, p. 51-53.

"Museu Brasileiro da Escultura – MuBE", por Sophia Telles, AU - Arquitetura e Urbanismo, Editora Pini, São Paulo. Octubre/Noviembre 1990, n° 32, Año VI, p. 44-51.

"Loja de Móveis em São Paulo - Uma Caixa de Surpresas", AU - Arquitetura e Urbanismo, Editora Pini, Septiembre 1993, n° 49, Año IX, p. 49-53.

"Visibilidade e Clareza da Forma", por Paulo Mendes da Rocha, Projeto, Arco editorial, São Paulo, Junio 1994, n° 175, p. 54-57.

"Arquitetura Modelando a Paisagem no Museu Brasileiro da Escultura", por Hugo Segawa, Projeto, Arco editorial, São Paulo, Marzo 1995, n° 183, p. 32-47.

Documento: Paulo Mendes da Rocha, AU - Arquitetura e Urbanismo, Editora Pini, São Paulo, Junio/Julio 1995, n° 60, Año X, p. 69-81.

"Intervenção técnica da transparência, inverte eixo e acesso e cria novos espaços com funcionalidade", Projeto Design, Arco Editorial, São Paulo, Mayo 1998, n° 220, p. 48-53.

"Paulo Mendes da Rocha: sutis pegadas do bicho arquiteto", "Autenticidade e Rudimento", por Luis Espallargas Gimenez, AU - Arquitetura e Urbanismo, Editora Pini, São Paulo, Agosto/Septiembre 1998, n° 79, Ano XIV, p. 63-76.

중남미 건축가 시리즈 1:

파울루 멘지스 다 호샤
무한, 아메리카 대륙의 새로운 경관을 건축하다.

1쇄 발행   2015년 1월 10일

지은이   엘리오 피뇬
옮긴이   이병기
펴낸이   이병기
편집   이병기
교정교열   방유경
디자인   김의래   [mim] & ponytail
인쇄   삼조인쇄

펴낸곳   아키트윈스
출판등록   2013년 1월 1일
등록번호   제 2013.16호
주소   서울특별시 광진구 자양로 51길 6 102호
            (우 143-200)
전화   070.8238.0946
팩스   02.6499.1869
이메일   architwins@outlook.com
홈페이지   http://architwins.com

ISBN 978-89-98573-03-4
ISBN 978-89-98573-04-1 (세트)

값 28,000원

「이 도서의 국립중앙도서관 출판예정도서목록(CIP)은 서지정보유통지원시스템 홈페이지
(http://seoji.nl.go.kr)와 국가자료공동목록시스템(http://www.nl.go.kr/kolisnet)에서
이용하실 수 있습니다.(CIP제어번호: CIP2014037615)」

잘못된 책은 바꿔드립니다.